边玩边学

Scratch 4

Scratch

测控板（小车）与儿童趣味游戏设计

刘金鹏 洪亮 姜峰 编著

浙江摄影出版社

一本书，一群人，无数个梦想

　　我希望一辈子都像幼儿园里的孩子一样不断发现新知识和结识新朋友。所以，当我看到Scratch语言的开发团队"终生幼儿园"的名字时，我有一种相见恨晚的感觉。Scratch语言是一种儿童编程语言，而伴随着它的发展，"儿童"两个字正在变得日益模糊，Scratch语言能干的事情越来越多，甚至达到了专业的水平，通过对测控板的使用，每一个孩子都能够让计算机感受外界的信息，并且对外界的信息做出反馈。"我想让一盏灯伴随着我的心情改变颜色""我想制作一个能够自动净化室内空气的净化器""我想做一个能够飞上天的东西"……这些儿时的梦想则不必等到"以后"再去实现，让我们现在就去做点什么，"为什么不呢？相信我能搞定"这个内心的声音会越来越大，伴随着孩子走向梦想的彼岸。

　　让Scratch成为孩子最好的朋友！这是三位作者一直以来的梦想。刘金鹏老师负责组织协调，洪亮老师负责软硬件开发，姜峰老师负责小学中、高段教学研究和实践。这个团队结构齐整，团结高效，通过在初中和小学社团活动中组织本校信息技术教师开展以"从玩游戏到创造游戏"为主题的两年多教学实践，并在不断追逐梦想的过程中，他们有了清晰的目标，于是第一本《边玩边学Scratch》应运而生，现在又有了这套教材的第二本，一条清晰的从精英教育到普及教育的成长路线，像是一架梯子，助力团队中的每个人实现梦想。两年前的今天他们走进Scratch，并且感受到了全国各地教师圈子的力量，这些鞭策和鼓励使得他们实现梦想的脚步渐渐变得清晰而坚实。

"边玩边学"正是实现这个育人过程中的一条正确道路，如果用专业的教育学术语来描述"边玩边学"的学习过程，我们可以找到"基于游戏的学习"（game based learning）或者"悦趣化学习"这样"高大上"的词汇。我们可以在各种文献中看到已有的尝试，但这些基本都是在网络游戏辅助下的学习，从屏幕到屏幕，很少涉及现实世界。让我们来想象一下本书带来的"悦趣化学习"的体验，配合一个线上线下的分享平台，完全可以打造出一个更棒的、更有学术价值和教学价值的研究项目。因此期望本书能够作为一个抓手，让更多的老师认识彼此，形成一个教学团队、一个网络社群，并且带动一大帮孩子和我们一起"玩转"Scratch，实现他们、你们和我们的梦想。

麻省理工学院"终生幼儿园"项目的创始人西蒙·帕佩特在1971年曾经说未来"孩子们不仅能够学习去使用最新的技术，而且能够'玩转'新技术"。40年来，"终生幼儿园"团队的继承者们，正在不断地将这个梦想变为现实。这句话当中出现的"学习"和"玩转"两个字眼和这套书的主题"边玩边学"竟然不谋而合，而只有通过玩，并且最终达到"玩转"，才能真正将程序设计和感测与控制技术作为一项信手拈来的"法宝"，伴随孩子的一生。中国梦，需要无数老师、家长带着他们的孩子大胆追梦，勇敢寻梦，如果你恰好也是一个追梦人，本书也许能助你一臂之力，而我也相信"边玩边学"系列教材能持续地做下去，并且翻译成各种语言，成为全世界孩子的共同朋友。

北京景山学校　吴俊杰

让电脑感受世界的变化

　　《边玩边学Scratch》出版后，得到了读者朋友，特别是一线教师及学生的喜爱，他们认为这是一本难得的了解和学习Scratch的入门教程。本书是《边玩边学Scratch》的后续版本，编写风格延续了上本书的特色，精选了一批有趣好玩的游戏、动漫、音乐等作品，借助目前流行的Scratch测控板等设备，让你尽情挥洒自己的创意。本书应用Scratch测控板中的光线传感器、声音传感器、按钮和线性滑杆、4个模拟输入接口、马达、LED指示灯输出接口等来丰富和扩展Scratch程序设计，打开虚拟世界通往真实世界的大门，设计出个性化、富有想象力的创意作品。为更充分利用测控板的功能，本书还增加了测控板小车的组装及使用介绍。简单的技术加上精彩的创意，软硬相连，Scratch让你乐翻天！

　　本册书共18课，案例在编排时适当体现了梯度和层次，有一个循序渐进的过程，便于学生逐步掌握测控板各种传感器的用法。每一课都设计了"巩固和提高"环节，针对本课范例，让学生完成相近的作品制作，进一步提高自己的制作水平。为便于读者学习和掌握Scratch相关知识，我们在本书附录的"技术文档"部分提供一些Scratch相关知识的技术文档，期望帮助读者朋友们更灵活地掌握和使用Scratch技术并制作出完全属于自己的个性化作品。

　　为方便孩子们创作，我们提供了本书用到的大部分素材和范例文件包，里面包含每一课用到的素材和示例作品的源文件。这些作品大部分来源于学生上课时的作品和一些网友提供的范例。在这里，我要真心地感谢苏琨、潘海坪、陈凯豪、刘家豪等同学利用课余时间对书中的作品进行了仔细认真的修订。吴俊杰、谢作如、管雪枫、李梦军、于方军、谢贤晓等老师及猫友汇众网友对我们这本书从写作到出版都给予了极大的支持，正是你们的鼓励和关注给了我们编写这本书的动力，谢谢你们！

　　"请不要告诉我，让我先试一试！"希望使用本书的老师和家长少一些示范，多一些肯定和鼓励，放手让孩子去尝试、去发现、去经历并享受美妙的学习过程，感谢所有使用本书的孩子们、老师们和家长们！

　　本书由刘金鹏、洪亮、姜峰老师编写，徐金东老师进行了美工方面的设计，最后由刘金鹏老师定稿。如果本书还存在什么问题，敬请朋友们指出，我们一定会在后续的修订版中改正。

　　简单的技术加上聪明的创意成就不一样的你！

目 录
Contents

Unit 3

附　录

★浙派名师中小学信息技术研究成果
★浙江省中小学创客教育名师工作室成果
★义乌市中学信息技术名师工作室成果

Unit 1

第1课　让电脑感受世界的变化

天渐渐地亮了，早起的鸟儿欢快地唱着歌……

勤劳的人们从睡梦中醒来，开始了一天忙碌的工作……

这是人类对自然界的变化做出的自然反应。那么，电脑是不是也能感受到这世界的变化呢？答案是肯定的。借助Scratch软件及相应设备我们就可以让电脑和我们一起感受这世界的每一个细微的变化，并给出积极的回应。本书将借助Scratch测控板等硬件设备和你一起玩转虚拟与现实。

正像人类用自己的眼睛观察事物、用耳朵获取声音一样，电脑也需要借助外部传感器捕捉外面世界发生的变化。其实，键盘和鼠标就是我们最常用的感受外界信息的输入设备，我们可以通过它们来操作和控制电脑完成大量的工作。除此以外，话筒也是一种常见的输入设备，可以把外界声音输入给电脑。Scratch具备声音侦测功能，可以探测到声音音量的大小，利用这个功能，我们就可以实现我们的一些精彩创意。

下面我们以一个Scratch作品《听话的小狗》为例来说明如何

使用声音侦测功能来实现创意。

　　我们的设想是让一只站在舞台中央的小狗一听到你发出命令"趴下"时就立即趴下来，好像非常听你的话。作品完成后的效果如图1—1所示。

1. 导入小狗角色及设置好舞台背景。

图1-1

步骤	效果图	说明
01		通过"造型"标签下"从本地文件中上传造型"按钮上传小狗的第一张图片。
02		先选择透明色，然后用工具填充小狗图像中白色的地方，使背景透明。

步骤	效果图	说明
03		透明背景后的造型效果如左图所示。
04		通过舞台背景标签用 填充背景过渡色。你也可以换成自己喜欢的背景哦!
05		用同样的方法添加另外一个图片造型。

2. 让小狗听到我们说话的声音。

　　如果想让小狗听到我们说话的声音，就要用到"指令积木区"里的 侦测 功能。在 侦测 里找到 响度，并在选取框中打上钩。看看舞台上是不是出现了一个 响度 11 的显示框。对着话筒说点什么，看看有什么变化。如果看不太清楚，你可以双击这个显示框看看又会发生什么变化。增加如下所示脚本。

角色	模块	指令描述
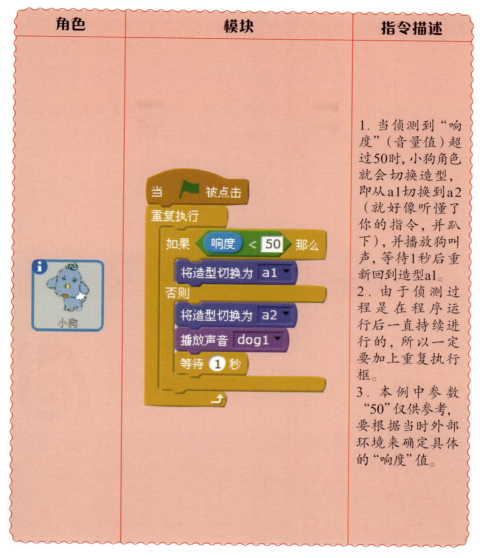小狗	当 ▶ 被点击 重复执行 　如果 〈响度 < 50〉那么 　　将造型切换为 a1 ▾ 　否则 　　将造型切换为 a2 ▾ 　　播放声音 dog1 ▾ 　　等待 1 秒	1. 当侦测到"响度"（音量值）超过50时，小狗角色就会切换造型，即从a1切换到a2（就好像听懂了你的指令，并趴下），并播放狗叫声，等待1秒后重新回到造型a1。 2. 由于侦测过程是在程序运行后一直持续进行的，所以一定要加上重复执行框。 3. 本例中参数"50"仅供参考，要根据当时外部环境来确定具体的"响度"值。

这段脚本为什么要增加一个 等待 1秒 的指令呢？试一试如果没有这个指令会对程序有什么影响呢？

日积月累：响度 0 可以显示0～100范围内的数值，表示从麦克风接收到的声音从无到最大。

3. 巩固和提高。

　　在绿色的草原上有一只可爱的小狗，当它听到声音时就会在草原上奔跑，没有声音时就会非常安静地待在原地。利用Scratch系统自带的素材文件，你能制作出这样一个作品吗？

4. 本节课学习指令。

指令	功能
响度 < 50	侦测声音响度是否小于50。

5. 本节课自我评价与反馈。

本节课小组内是如何分工的？你负责的是哪一块？	
本节课你遇到了什么困难？你的解决办法是什么？	
本节课你帮助别人或接受别人的帮助了吗？	
本课作品你完成了吗？和你之前的预期是否一样？	
课后你收拾整理好本课实验器材了吗？	

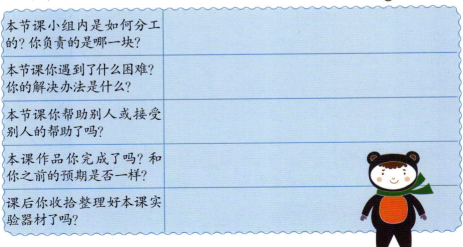

第2课　感受世界的秘密武器——Scratch测控板

在上节课的学习中，我们知道借助电脑麦克风可以输入声音，当Scratch侦测到外界声音变化时就可以通过指令来控制作品中的角色完成各种任务。为了让Scratch更好地感知真实世界的各种变化，人们又开发出了集成多种类型传感器的通讯电路板来采集外部信息。今天我们就来认识电脑感受世界的另一个秘密武器——Scratch测控板（特别说明：有些书上也把具备这样功能的电路板叫作"传感器板"，因为现在大多数电路板都既可以通过板上的传感器输入数据给Scratch，也可以把经过Scratch处理的数据输出给电路板用来控制电机或LED指示灯等外部设备，所以"传感器板"的叫法并不准确，本书统一叫作"Scratch测控板"）

一、什么是Scratch测控板？

常见的Scratch测控板上一般都集成有滑杆、按钮、光线、声音等传感器，除此以外还提供A、B、C、D四个传感器输入接口，可以连接更多的传感器，比如侦测温度、湿度、压力、距离等信息并传回模拟量或数字量供Scratch程序调用。还有一些Scratch测控板提供了五向键传感器和输出接口，可用于控制角色的自由移动及驱动专用马达、LED指示灯等，如图2-1所示的盛思Scratch Box等，这些产品在后面的技术文档中有详细的介绍。如图2-2所示为CK测控板功能的介绍。

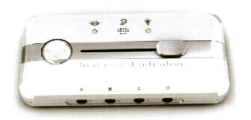

Scratch测控板

通过标准Mini USB接口与计算机
连接，自带五向键、滑杆、光线
强度传感器、声音传感器、4路阻
性输入接口及2路输出接口。

图2-1   盛思BOX

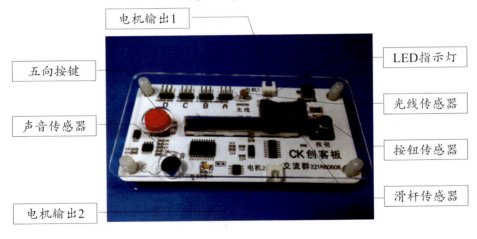

电机输出1

LED指示灯

五向按键

光线传感器

声音传感器

按钮传感器

电机输出2

滑杆传感器

图2-2

二、如何安装Scratch测控板驱动程序？

　　Scratch测控板在使用前都需要先安装驱动程序，不同厂家生
产的传感器板的驱动程序并不完全一样。如果厂家已经提供了驱

动程序，只要下载后安装就可以了。以CH340驱动程序为例，把Scratch测控板通过USB线和电脑相连后，双击相应图标 ，即可自动完成安装。如果没有提供驱动程序，你也可以安装 等自动查找并安装驱动的软件（如图2-3所示），它会帮助你自动化完成硬件驱动程序的安装。安装完成后，通过"系统属性"→"硬件"→"设备管理器"→"端口"，即可知道Scratch测控板所占用的通讯端口，如图2-4所示Scratch测控板占用的通讯端口为COM4。

图2-3

图2-4

三、Scratch测控板常用功能介绍

在和电脑连接好硬件并且安装好相应驱动程序后，我们就可以使用Scratch测控板了，下面以盛思Scratch2.0为例来说明如何在Scratch中使用测控板。

1. 启动ScratchPlus，选择"连接"菜单下的相应通讯端口号及测控板类型（根据自己手头的硬件选择Scratch Box2.1或Scratch Box1.4，如果是有线板，选择Scratch Box 1.4，如果是无线板，则可以选择Scratch Box 2.1），测控板连接指示灯由●●●变为●●●，表示Scratch测控板已经正常连接，如图2-5所示。

图2-5

图2-6

2. 这时，在界面上就会出现一个表格，与传感器相对应的参数会显示在其中，如图2-6所示。

3. 你可以试着推动滑杆或按下按钮或用手遮挡一部分光线或发出一些声音，看看Scratch测控板上的参数有什么变化，把你看到的变化规律与你的同伴交流一下。

小试牛刀：鼠标单击 乐动魔盒 下 滑杆 传感器的值 ，会有什么新发现？如图2-7所示，点击 滑杆 下拉选项，改成其他传感器类型再试试，把你的发现与同伴交流一下。

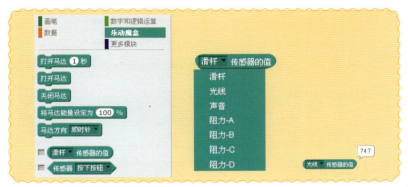

图2-7

4. 下面我们通过一个借助推动滑杆来改变小猫大小的程序来体会Scratch的神奇魅力。

想法	模块	指令描述
用滑杆来控制小猫的大小变化。	当 🚩 被点击 重复执行 　将角色的大小设定为 滑杆 传感器的值 × 2	把角色"小猫"的大小设置为"滑杆传感器的值"的大小的2倍。

想一想，为什么程序脚本中要增加一个"重复执行"的模块，不加这个模块可以吗？

试一试，如图2-8所示，修改上面的脚本代码，看看程序执行后的效果。

图2-8

日积月累：当同时打开多个Scratch程序时，只能有一个程序可以使用Scratch测控板。

5．巩固和提高。

完成一个"自动路灯"的作品，创意是当篮球场环境光线变暗时，路灯会自动点亮。

6．本节课自我评价与反馈。

本节课小组内是如何分工的？你负责的是哪一块？	
本节课你遇到了什么困难？你的解决办法是什么？	
本节课你帮助别人或接受别人的帮助了吗？	
本课作品你完成了吗？和你之前的预期是否一样？	
课后你收拾整理好本课实验器材了吗？	

第3课 雄鸡一声天下白

一、开动脑筋

"日出而作，日落而息"是千百年来劳动人民一直遵循的作息规律。古人"雄鸡一声天下白"的诗句就形象地描述了"公鸡打鸣，太阳升起来，天亮了"这一美丽的自然场景。那我们可不可以利用Scratch测控板来模拟一下这种自然场景呢?

二、创设情境

我们可以利用Scratch测控板上的滑杆传感器的变化量来模拟太阳升起、天色渐渐变亮、公鸡出现及打鸣等情境。

图3-1

三、亲身体验

1. 设置舞台背景。

　　舞台背景可以选取一些自然风光图片，本例用蓝天白云、绿色植物和彩色小房子等图片做背景，通过Scratch测控板来控制这些背景图片光线的变化，实现从暗到明逐渐变化的效果。

角色	模块	指令描述
舞台	当绿旗被点击 重复执行 将 亮度 特效设定为 滑杆 传感器的值 - 100	将"舞台"背景图片的"亮度"设置为"滑杆传感器-100"，即当传感器滑杆参数值越小，图像越暗，参数值越大，则图像越亮，直至恢复图像本来的亮度。
house	当绿旗被点击 重复执行 将 亮度 特效设定为 滑杆 传感器的值 - 100	将"house"角色的"亮度"设置为"滑杆传感器-100"，即当传感器滑杆参数值越小，图像越暗，参数值越大，则图像越亮，直至恢复图像本来的亮度。

2. 用滑杆控制太阳升起。

　　当天色变亮时，太阳缓缓从地平线升起。下面我们用滑杆传感器来模拟这个场景。

角色	模块	指令描述
Sun sun	当 ▲ 被点击 重复执行 将y坐标设定为 滑杆▼ 传感器的值 ＊ 1.4	对象"sun（太阳）"的y坐标值（即垂直方向）会随着滑杆传感器参数值变大而变大，就好像太阳慢慢升起。

这里要注意sun（太阳）所在层要置于house对象之后，可通过 下移❶层 指令来实现。

3. 用滑杆控制公鸡的出现及打鸣时机。

在整个天黑到天亮的变化过程中，公鸡会适时出现并打鸣。下面我们还是用滑杆传感器来模拟这个场景。

角色	模块	指令描述
公鸡 公鸡	当 ▲ 被点击 重复执行 将 亮度▼ 特效设定为 滑杆▼ 传感器的值 - 100 当 ▲ 被点击 重复执行 如果 滑杆▼ 传感器的值 > 85 那么 播放声音 aaa 直到播放完毕 如果 滑杆▼ 传感器的值 > 50 那么 显示 如果 滑杆▼ 传感器的值 < 50 那么 隐藏	1. 将"公鸡"角色的"亮度"设置为"滑杆传感器-100"，即当传感器滑杆参数值越小，图像越暗，参数值越大，则图像越亮，直至恢复图像本来的亮度。 2. 当"滑杆传感器值"小于50时，"公鸡"角色隐藏；当大于50时，"公鸡"角色出现；当大于85时，播放公鸡打鸣的声音。

日积月累：本范例中"sun（太阳）"和"公鸡"角色建议通过PowerPoint自选图形绘制完成后保存成图片并导入到Scratch中应用。当然，你也可以在网上查找相关图片，在Scratch中使图片背景透明即可，具体方法见本书的"技术文档"相关内容。

4. 巩固与提高。

创意A：设计一个"光控智能闹钟"的作品，创意是当天亮时，伴随着光线的渐渐变亮，电脑播放的音乐声依次从优美悦耳变成嘈杂无序，让人不堪忍受，以此来督促那些喜欢赖床的同学能快速从床上爬起来开始一天的生活。

创意B：设计一个"光控智能窗帘"的作品，创意是当天色变暗时，窗帘会慢慢地自动合起来，当天色变亮时，窗帘会慢慢地自动拉开。

5. 本节课自我评价与反馈。

本节课小组内是如何分工的？你负责的是哪一块？	
本节课你遇到了什么困难？你的解决办法是什么？	
本节课你帮助别人或接受别人的帮助了吗？	
本课作品你完成了吗？和你之前的预期是否一样？	
课后你收拾整理好本课实验器材了吗？	

第4课　会跨栏的小猫

一、开动脑筋

刘翔在雅典奥运会中勇夺110米跨栏比赛的冠军，为祖国争得了荣誉。他在比赛中的跨栏动作非常潇洒，小猫也很想学习这种动作。那么，我们是不是也可以用Scratch来模拟这种潇洒的跨栏动作呢？

二、创设情境

我们可以利用Scratch测控板上的按钮传感器来控制小猫的"跨栏"动作，帮助小猫实现自己的梦想。

图4-1

三、亲身体验

1. 设置比赛环境。

　　设置舞台背景为运动场地，并在场地中加入三个栏架对象，依次摆开。运动场可通过上网搜索下载相关图片，栏架角色可在PowerPoint中绘图完成后导入Scratch中。

2. 让小猫跑起来。

角色	模块	指令描述
小猫 Cat	当 ▶ 被点击 将角色的大小设定为 60 移到 x: -210 y: -100 重复执行 　面向 90 ▾ 方向 　移动 1 步	程序执行后，先设置角色"小猫"的大小为60，这样做的目的是让小猫在跳跃时更灵活，然后将小猫移至出发时的位置，面向屏幕右边方向，重复移动1步，实现角色"小猫"面向栏架跑步前进的效果。

3. 控制小猫跨栏。

角色	模块	指令描述
小猫 Cat		程序执行后，侦测到测控板上的按钮被按下后，播放声音效果。通过y坐标值的不断增加和减少改变"小猫"的高度，先升高，再降低，在造型切换中模拟实现小猫奔跑中"跨栏"的动作。

4. 比赛规则设定。

角色	模块	指令描述
 小猫		程序执行后，对象"小猫"如果碰到任意一个栏架，则比赛"失败"；如果顺利达到终点，即"小猫"的x坐标值>180，则"小猫"赢得比赛。

5. 巩固与提高。

　　请尝试用测控板上的按钮传感器模拟实现"当按响门铃后，门在优美的音乐声中徐徐打开"这一场景。

6. 本节课学习指令。

指令	功能
碰到 栏1▼ ? 或 碰到 栏2▼ ? 或 碰到 栏3▼ ?	"逻辑或"指令，多个条件中只要有一个为"真"，则结果为"真"。

7. 本节课自我评价与反馈。

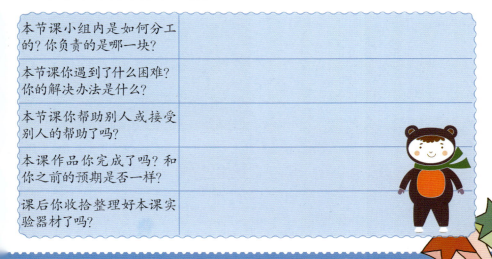

本节课小组内是如何分工的？你负责的是哪一块？	
本节课你遇到了什么困难？你的解决办法是什么？	
本节课你帮助别人或接受别人的帮助了吗？	
本课作品你完成了吗？和你之前的预期是否一样？	
课后你收拾整理好本课实验器材了吗？	

第5课　看看声音的模样

一、开动脑筋

　　我们的生活每天都离不开声音：早晨听到起床的音乐，我们从睡梦中醒来；来到操场上，我们合着音乐的节拍，开始做运动……声音是用耳朵来听的。那么，你看到过声音的样子吗？

二、创设情境

　　利用测控板我们可以画出声音的样子。通过声音传感器，可以侦测到音量高低，当周围很安静时，声音值为0，如果大声说话，或者对着麦克风吹气，声音值会随之改变。我们可以利用声音值的高低变化来控制小猫上升的高度，如果再打开画笔，配合小猫前进的动作，就可以画出高低不同的美妙图形了。

图5-1

三、亲身体验

1. 先将测控板与Scratch进行正确连接。

2. 找到一张合适的背景图，将其导入到舞台，也可以在PowerPoint里画一张图片并导入舞台。

3. 设定好小猫的初始位置及大小，并设定好颜色，落笔。

角色	模块	指令描述
小猫 Cat	当 ▶ 被点击 将角色的大小设定为 60 面向 90 方向 移到 x: -225 y: -100 将画笔的颜色设定为 □ 清空 落笔	初始值的设定：将小猫拖到海与天空的交界处，可确定其初始坐标值。如果小猫不是朝着90度方向，增加"面向90度方向"的指令，设置好画笔颜色并"落笔"。程序执行时先清除之前的图形。

4. 新建一个变量，用于保存当前声音的音量值。

角色	模块	指令描述
小猫 Cat	数据　　　乐动魔盒 　　　　　更多模块 新建变量 ☑ 音量 将 音量 设定为 0	定义变量：音量，用来保存当前声音的值。

5. 声音值的大小设为小猫跳起的高度。

角色	模块	指令描述
Cat 小猫	将 音量▼ 设定为 声音▼ 传感器的值 * 2 将y坐标增加 音量	将小猫的y坐标值增加，跳起的高度由当前的音量值决定。

6. 向前走2步，并落回到原来的高度，改变画笔颜色。

角色	模块	指令描述
Cat 小猫	等待 0.01 秒 移动 2 步 将y坐标增加 0 - 音量 碰到边缘就反弹 将画笔的颜色值增加 1	小猫起跳后落回来。跳出多高，落下多高，最后一个下降使用了个 "0-音量"，当然也可以使用绝对坐标，将小猫的y坐标值直接设定为初始的y值，边画边改变颜色。

7. 配上音乐。

角色	模块	指令描述
Cat 小猫		从素材文件夹中导入 "勇敢勇敢.wav"，并通过指令 播放声音 勇敢勇敢，把音乐加入到作品中。

8. 增加重复执行指令后，该作品的完整脚本如图5-2所示。

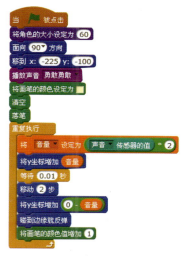

9. 运行程序，小猫随着音乐的节奏跳起来了吗？和你身边的同学相互欣赏一下。

10. 巩固与提高。

本例中，小猫画出的图形不能完全到达最左边和最右边，感觉图形不够完整。试试修改一下本例，

图5-2

让画出的图形能从最左边开始，到最右边结束，形成更加完整的一幅画；再试试修改小猫跳跃的高度，并修改每次前进的步数，看看画面会变成什么样子。

11. 本节课自我评价与反馈。

本节课小组内是如何分工的？你负责的是哪一块？	
本节课你遇到了什么困难？你的解决办法是什么？	
本节课你帮助别人或接受别人的帮助了吗？	
本课作品你完成了吗？和你之前的预期是否一样？	
课后你收拾整理好本课实验器材了吗？	

第6课　吹气球

一、开动脑筋

　　"六一"儿童节来了，教室里悬挂着五颜六色的气球，把节日的气氛装扮得特别热烈。那么，我们利用Scratch测控板能不能模拟一下吹气球的过程呢？

二、创设情境

　　我们的设想是对着测控板上的麦克风吹气，当侦测到的音量大于一定的数值时，气球会慢慢变大；如果侦测到的声音值过小，气球会漏气；如果气球的大小达到400，就显示"成功了"，表示一个气球吹好了。

图6-1

三、亲身体验

1. 先将测控板与Scratch正确连接。

2. 在"绘图编辑器"中绘制"气球"对象。

   选择一种自己喜欢的颜色，可以使用渐变色填充，效果如图6-2所示。

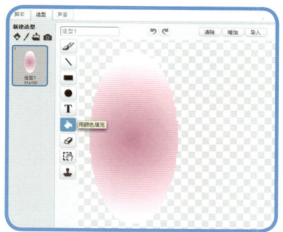

图6-2

3. 绘制角色"成功"。

   在绘图编辑器中利用""添加个性化的文字，如图6-3所示。

图6-3

4. 编写气球的脚本。

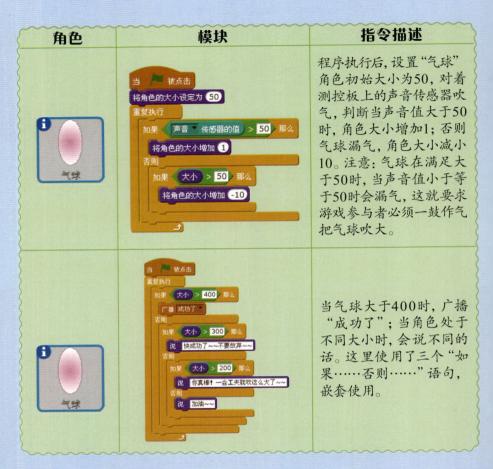

角色	模块	指令描述
气球	当 ▷ 被点击 将角色的大小设定为 50 重复执行 　如果 声音 传感器的值 > 50 那么 　　将角色的大小增加 1 　否则 　　如果 大小 > 50 那么 　　　将角色的大小增加 -10	程序执行后,设置"气球"角色初始大小为50,对着测控板上的声音传感器吹气,判断当声音值大于50时,角色大小增加1;否则气球漏气,角色大小减小10。注意:气球在满足大于50时,当声音值小于等于50时会漏气,这就要求游戏参与者必须一鼓作气把气球吹大。
气球	当 ▷ 被点击 重复执行 　如果 大小 > 400 那么 　　广播 成功了 　否则 　　如果 大小 > 300 那么 　　　说 快成功了~~不要放弃~~ 　　否则 　　　如果 大小 > 200 那么 　　　　说 你真棒!一会工夫就吹这么大了~~ 　　　否则 　　　　说 加油~~	当气球大于400时,广播"成功了";当角色处于不同大小时,会说不同的话。这里使用了三个"如果……否则……"语句,嵌套使用。

5. 编写"成功"的脚本。

角色	模块	指令描述
成功	当 ▷ 被点击　　当接收到 成功了 隐藏　　　　　显示 　　　　　　　停止 全部	开始时角色隐藏,当接收到"成功了"的广播,显示该角色,并停止程序的执行。

6. 为使该游戏作品更为直观和有趣，可以在 **乐动魔盒** 菜单中，勾选"声音传感器的值" ☑ 声音 ▼ 传感器的值 ，在 **外观** 中，勾选角色"大小" ☑ 大小 ，这时在舞台上就可以实时查看气球的大小和声音值的大小。鼠标双击 声音 传感器的值 58 气球: 大小 52 这两个显示框，有什么新发现？

7. 巩固与提高。

在刚才的游戏中一次性完成气球的吹气过程是不是觉得有些困难呢？你可以尝试修改游戏脚本并巧妙使用按键功能。当按键按下时，气球不会漏气，也不能吹气。当你一口气不能完成这个游戏时，就可以先按下按键，保证气球不会漏气，等吸口气后再继续吹，快去试试吧！

8. 本节课自我评价与反馈。

本节课小组内是如何分工的？你负责的是哪一块？	
本节课你遇到了什么困难？你的解决办法是什么？	
本节课你帮助别人或接受别人的帮助了吗？	
本课作品你完成了吗？和你之前的预期是否一样？	
课后你收拾整理好本课实验器材了吗？	

第7课　猫兔赛跑

一、开动脑筋

同学们一定都听过龟兔赛跑的故事。兔子因为过于自信而在半路上睡觉，结果输掉了比赛，很不服气。这不，今天又找来小猫想跟小猫比试比试。那么，今天的比赛它能赢吗？

二、创设情境

今天的比赛，不仅仅是比拼体力，更多的是比拼智慧和头脑。我们可以利用Scratch测控板的功能，让比赛的道路上增加更多的"不确定性"，使这场猫兔比赛更具趣味性和挑战性。

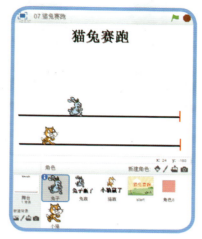

图7-1

三、亲身体验

1. 完成片头制作。

我们可以将在网上搜索到的一张草原景色图片作为背景，在上面输入主题文字作为该作品的片头。游戏设计当鼠标点击时进入主界面。

界面效果	指令模块	指令描述
	当角色被点击时 隐藏 广播 start 当 被点击 移至最上层 显示	程序执行时该界面处于最上层，当start图片被点击后，该界面隐藏，并发送广播"start"。

2. 制定比赛规则。

假设比赛的起点是一样的，我们用滑杆来控制小猫的速度，用声音来控制兔子的速度，那么，角色"小猫"和"兔子"的脚本该如何编制呢？

角色	模块	指令描述
小猫	当接收到 start ▼ 将角色的大小设定为 50 移到 x: -204 y: -128 等待 1 秒 重复执行直到 碰到颜色 ■ ? 　如果 碰到 角色6 ▼ ? 那么 　　移到 x: -204 y: -128 　否则 　　移动 滑杆 ▼ 传感器的值 * 0.003 步 广播 win1 ▼	当程序接收到"start"广播后，"小猫"移动到比赛的起始位置并开始向右移动（移动的步数由滑杆传感器的数值来决定），如果在移动过程中碰到"角色6"，则退回到起点；当碰到颜色"红色"时，广播"win1"，表示"小猫"获得比赛的胜利。
兔子	当接收到 start ▼ 将角色的大小设定为 30 移到 x: -206 y: -48 等待 1 秒 重复执行直到 碰到颜色 ■ ? 　移动 声音 ▼ 传感器的值 * 0.008 步 广播 win2 ▼	当程序接收到"start"广播后，"兔子"移动到比赛的起始位置并开始向右移动（移动的步数由声音传感器的数值来决定），当碰到颜色"红色"时，广播"win2"，表示"兔子"获得比赛的胜利。
小猫赢了 猫赢	当 🚩 被点击 隐藏 当接收到 win1 ▼ 显示 等待 1 秒 停止 全部 ▼	程序执行时隐藏，当接收到广播"win1"后显示（表示小猫获胜），等待1秒后结束程序。

角色	模块	指令描述
兔子赢了 兔赢		程序执行时隐藏，当接收到广播"win2"后显示（表示兔子获胜），等待1秒后结束程序。

3. 设置障碍。

为使游戏作品更有刺激性和偶然性，可在"小猫"行走的路线上设置一个随机出现的障碍物，如果"小猫"不小心碰到就要返回原点。

对象	模块	指令描述
角色6		当侦测到传感器的按钮被按下时，在角色"小猫"行走的路线上会随机出现一个障碍物（角色6），并显示3秒后隐藏。

脚本编写好后，一定要不断修改和完善传感器的参数设置，直至找到最合适的数值。在这个游戏中，当小猫的速度确定后（即滑杆值保持不变的情况下），那么兔子取胜的关键在于声音传感器所采集到的外界声音信息的大小。所以，让我们一起为兔子加油吧，你们的声音越大，兔子获胜的可能性也就越大哦！

日积月累：因为不同的Scratch测控板的制造工艺不同，所以，在同样条件下测控板上的传感器采集到的数据可能和书上的并不相同，书上所列的参数仅供参考，读者朋友们需要自己去尝试，直到找到最合适的参数，这也是Scratch学习过程中的一大乐趣哦！

4. 巩固和提高。

设计一个"声控音乐喷泉"的游戏作品，当你按下Scratch测控板上的按钮时，"音乐喷泉"开始工作，喷泉的水量会随着声音的大小而变大或变小。试试吧，聪明的你一定会创作出与众不同的作品。

5. 本节课自我评价与反馈。

本节课小组内是如何分工的？你负责的是哪一块？	
本节课你遇到了什么困难？你的解决办法是什么？	
本节课你帮助别人或接受别人的帮助了吗？	
本课作品你完成了吗？和你之前的预期是否一样？	
课后你收拾整理好本课实验器材了吗？	

第8课：炫酷"小苹果"

一、开动脑筋

"筷子兄弟"一曲又唱又跳的《小苹果》唱火了大江南北。那么，利用Scratch测控板功能我们是不是也能营造出炫酷亮丽的舞台效果呢？

二、创设情境

我们的设计意图是让一个小男孩在变幻的舞台上边跳边唱《小苹果》。其中，用按钮传感器来控制音乐的播放；用滑杆传感器来控制音量的大小；用声音传感器来控制舞台背景的特效；用光线传感器来控制舞台背景的明暗；用测控板上的方向键来控制角色在舞台上左右移动；用测控板输出功能来控制板载LED闪烁及驱动振动马达工作，从而营造出一种非常梦幻的舞台效果。

图8-1

三、亲身体验

1. 从背景库中选择舞台背景"stage1"，删除系统默认的"小猫"角色，并从本地电脑中导入"男孩.gif"文件。

图8-2

2. 切换到"男孩"角色的"造型"标签页，选择填充颜色为 ⬜ ，并用 🪣 工具将每一个造型背景改为透明色，如图8-3所示。

图8-3

3. 用缩放工具 将"男孩"角色调整到适当大小，并置于舞台的中央，如图8-4所示。

图8-4

4. 对角色"男孩"编写脚本，让"男孩"在舞台上跳起来。用同样的方法可以在舞台上增加更多的角色，如"小破孩"。

角色	模块及功能
	当 🚩 被点击 重复执行 下一个造型 等待 0.2 秒 通过控制造型的不断切换，实现舞台角色跳舞的效果。

5. 从本地文件夹中上传音乐文件"小苹果.wav"，用按钮传感器来控制音乐的播放。

角色	模块及功能

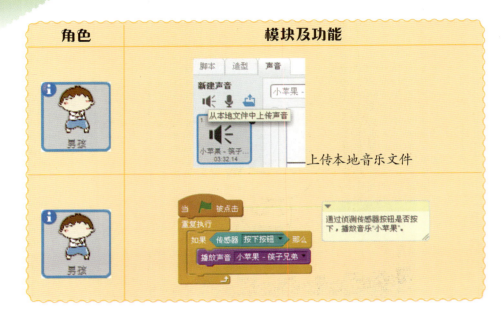

上传本地音乐文件

通过侦测传感器按钮是否按下，播放音乐"小苹果"。

6. 用滑杆的变化来控制播放声音的大小。

角色	模块及功能

通过传感器上的滑杆来控制音乐音量的大小。

7. 用侦测到的外界声音大小来控制舞台背景特效。

角色	模块及功能

用侦测到的声音大小来控制舞台背景的特效。

8. 用侦测到的外界光线变化值来控制舞台亮度。

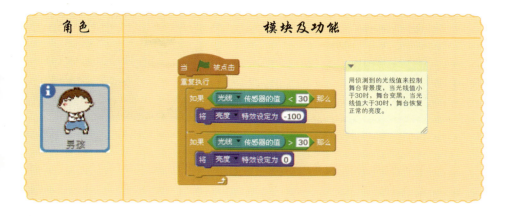

9. 通过侦测Scratch测控板上的五向键来控制角色在舞台上水平移动。

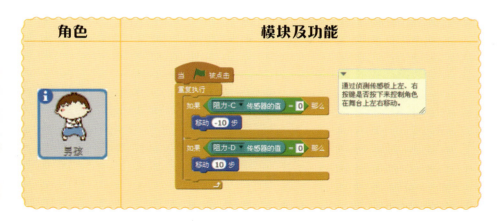

10. 如图8-5所示，通过马达指令模块驱动Scratch测控板上的LED指示灯闪烁。也可用软陶泥捏一个卡通造型并把振动马达放在卡通造型里（如图8-6所示），让泥卡通和你电脑上的小孩一起嗨起来吧！

图8-5   图8-6

  在这个范例里，我们综合运用了按钮、滑杆、声音、光线、线性阻力等传感器，并通过测控板输出功能来驱动电机和LED指示灯工作，在Scratch2.0中实现了虚拟与现实互连。学习了上面的范例，你还有什么更好的创意？拿出你的测控板，快去实现吧！

11. 巩固与提高。

  把你熟悉的一首英文歌曲用Scratch做成MTV，用滑杆实现音量可控及随音乐变换舞台背景的效果。

12. 本节课自我评价与反馈。

本节课小组内是如何分工的？你负责的是哪一块？	
本节课你遇到了什么困难？你的解决办法是什么？	
本节课你帮助别人或接受别人的帮助了吗？	
本课作品你完成了吗？和你之前的预期是否一样？	
课后你收拾整理好本课实验器材了吗？	

第9课　　猫和老鼠

一、开动脑筋

　　《猫和老鼠》是全世界最受欢迎的卡通片之一，在20世纪90年代引入中国后受到了人们的狂热喜爱，是一部老少皆宜的动画片，给一代又一代不同年龄、不同国家的观众带来了无数欢乐。如果我们用Scratch测控板来模拟这部卡通片中的一些情节，要如何做呢？

二、创设情境

　　我们可以用滑杆传感器来控制小猫在舞台上来回奔跑，用按钮传感器来控制小猫的跳跃，用声音传感器来控制小猫发出的叫声，用光线传感器来控制老鼠的出现、声音及舞台背景亮度的调整等。

图9-1

三、亲身体验

1. 用滑杆传感器来控制小猫在舞台上来回奔跑。

角色	模块	指令描述
Cat1	当 ▶ 被点击 重复执行 将x坐标设定为 滑杆 传感器的值 - 50 * 4.8	因为滑杆传感器的参数范围为"0~100"，所以"（滑杆传感器-50)*4.8"的范围为"-240~240"，即为小猫在水平方向的最大移动范围。

2. 用按钮传感器来控制小猫的跳跃。

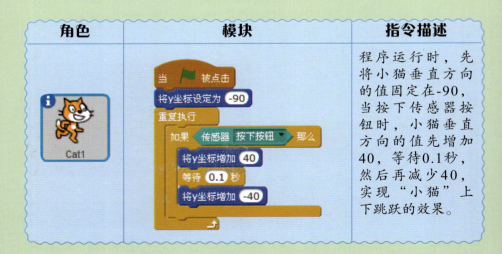

角色	模块	指令描述
Cat1	当 ▶ 被点击 将y坐标设定为 -90 重复执行 如果 传感器 按下按钮 那么 将y坐标增加 40 等待 0.1 秒 将y坐标增加 -40	程序运行时，先将小猫垂直方向的值固定在-90，当按下传感器按钮时，小猫垂直方向的值先增加40，等待0.1秒，然后再减少40，实现"小猫"上下跳跃的效果。

3. 用声音传感器来控制小猫发出的叫声。

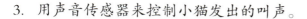

角色	模块	指令描述
Cat1	当 ▶ 被点击 重复执行 　将音量设定为 声音 ▼ 传感器的值 　如果 音量 > 30 那么 　　播放声音 meow ▼ 直到播放完毕	当声音传感器接收到外界的音量值大于30时，播放猫叫声。这里可选择勾选 ☑ 音量，即可在舞台上显示音量值。

4. 猫的动作设置。

角色	模块	指令描述
Cat1	当 ▶ 被点击 重复执行 　等待 0.1 秒 　下一个造型 当 ▶ 被点击 重复执行 　如果 碰到 Mouse1 ▼ ? 那么 　　说 抓住你了！ 2 秒	重复执行间隔0.1秒切换造型，实现小猫在舞台上奔跑的效果。 重复侦测Cat1，如果碰到对象Mouse1，则说"抓住你了！"。

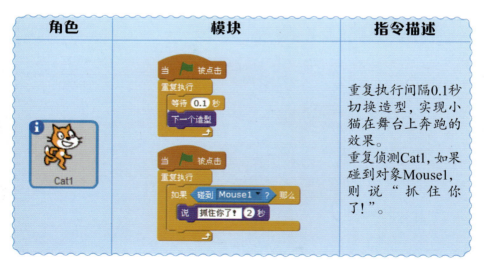

5. 用光线传感器来控制老鼠的出现。

角色	模块	指令描述
Mouse1	当 ▶ 被点击 隐藏 重复执行 　如果　光线 ▼ 传感器的值 < 30　那么 　　移到 x: -50 y: -115 　　显示 　　在　光线 ▼ 传感器的值 > 50　之前一直等待 　　说 跑！ 0.3 秒 　　重复执行直到　碰到 边缘 ▼ ? 　　　将x坐标增加 30 　　隐藏	程序执行时老鼠先隐藏，如果侦测到光线传感器值小于30，则老鼠出现在指定位置并显示；如果侦测到光线传感器值大于50，则老鼠水平向右移动直至舞台边缘并隐藏。

6. 用光线传感器来控制老鼠的声音。

角色	模块	指令描述
Mouse1	当 ▶ 被点击 重复执行 　如果　光线 ▼ 传感器的值 < 15　那么 　　播放声音 cricket ▼ 直到播放完毕	如果侦测到光线传感器的值小于15，则播放老鼠的声音"cricket"直至播放完毕。

7. 用光线传感器来控制舞台背景的亮度。

角色	模块	指令描述
舞台 2背景	当 ▶ 被点击 重复执行 将 亮度 特效设定为 光线 ▾ 传感器的值	将舞台背景的亮度设置为"光线传感器"的值。

8. 巩固与提高。

　　想一想，利用Scratch测控板你还能实现哪些《猫和老鼠》动画片中的有趣场景？别忘了把你的独特创意和我们分享哦！

9. 本节课自我评价与反馈。

本节课小组内是如何分工的？你负责的是哪一块？	
本节课你遇到了什么困难？你的解决办法是什么？	
本节课你帮助别人或接受别人的帮助了吗？	
本课作品你完成了吗？和你之前的预期是否一样？	
课后你收拾整理好本课实验器材了吗？	

第10课　转动大风车

在美丽的青青草原上，有牛羊，有城堡，还有随风转动的大风车。我们能不能借助Scratch测控板做一个真正的、会转动的大风车呢？

Scratch不仅能从测控板中获取传感器信息，还能控制传感器板上的电机、LED灯等输出设备。我们可以利用Scratch驱动外接马达，实现转动大风车的效果。

图10-1

三、亲身体验

1. 先将测控板与Scratch正确连接。

2. 找到一张青青草原背景图，将其导入舞台，也可以在PowerPoint里自己画一张。

3. 连接好马达，试试ScratchPlus中有关马达控制的指令。

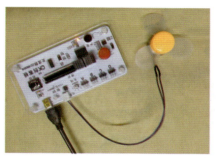 

图10-2

指令	指令描述
打开马达 1 秒	马达转动1秒后停止。
打开马达	打开马达，一直运转。
关闭马达	停止马达运转。
将马达能量设定为 100 %	设置马达能量，若能量太小则电机有可能不会转。这里需要自己尝试参数大小。
马达方向 顺时针 ▾　顺时针　逆时针　反转	设置电机转动方向。

4. 制作虚拟的大风车（在Scratch里制作）。

（1）在Windows的画图程序中绘制好一个大风车图形并保存为PNG格式。

（2）在Scratch中，点击 ✏ 按钮，绘制一个新角色，在"造型编辑器"中选择"导入"，找到绘制好的"大风车.png"，并选择调色板中的 ✏ "透明"色，对"大风车"图片中白色区域进行填充 ◆ ，即可得到透明的大风车。

（3）单击 ➕ "设定旋转范围"，要确保旋转中心处于大风车的正中心。

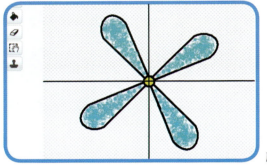

图10-3

（4）编写脚本。

角色	模块	指令描述
 大风车	当 🏳 被点击 重复执行 将 声音 设定为 声音 传感器的值 如果 声音 > 20 那么 重复执行 24 次 向右旋转 ↻ 15 度 等待 0.01 秒	新建一个变量"声音"用来保存侦测到的音量值，设置当音量值大于20时，大风车旋转一周。脚本设置好后启动程序，对着测控板吹气，看大风车能否转起来。注意：脚本中的参数音量值应根据你当时所处环境声音的嘈杂程度灵活设置。

以上是在电脑里虚拟完成了大风车的转动。如果有一个真实的大风车，当周围环境有一点"风吹草动"时，能够和电脑中的虚拟大风车同步转动，那多有意思啊！

5. 制作真实的大风车。

找一个废旧鞋盒的上盖，在正面贴上绘制好的青青草原背景图，然后在另外纸板上画一个大风车图案，并按轮廓剪下。在废旧鞋盒上盖的适当位置挖一个小洞，将电机粘在纸板的背面，输出轴穿过小洞，剪好的大风车粘在马达输出轴上，并且和盒子图案保持一定的距离，如图10-4和图10-5所示。

图10-4　手工大风车作品正面

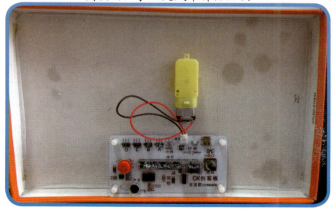

图10-5　手工大风车作品背面

6. 增加电机转动的指令。

角色	模块	指令描述
大风车	当 ▶ 被点击 将马达能量设定为 80 % 关闭马达 重复执行 　将 声音 设定为 声音 传感器的值 　如果 声音 > 20 那么 　　打开马达 　　重复执行 24 次 　　　向右旋转 15 度 　　　等待 0.01 秒 　否则 　　关闭马达	增加马达控制指令，让马达启动时间和虚拟大风车转动时间同步。脚本中的"80%"只是一个参考值，在实际操作时需要自己寻找最合适的数值。实践与思考：在脚本中，马达能量设置好后为什么紧跟着要增加一个"关闭马达"指令？

图10-6

7. 运行程序，对着测控板轻轻吹气，虚拟的大风车和真实的大风车一起转起来了吗？

8. 巩固与提高。

　　风扇是我们日常生活中经常要使用的一个电器，利用Scratch输入接口通过3P杜邦线连接热敏电阻实现"智能电风扇"创意作品。即：先设定好一个合适的温度，当室内温度高于这个设定温度时，风扇会自动转起来；当温度低于这个温度时，风扇会自动停止转动。

9. 本节课自我评价与反馈。

本节课小组内是如何分工的？你负责的是哪一块？	
本节课你遇到了什么困难？你的解决办法是什么？	
本节课你帮助别人或接受别人的帮助了吗？	
本课作品你完成了吗？和你之前的预期是否一样？	
课后你收拾整理好本课实验器材了吗？	

第11课　红绿灯

一、开动脑筋

　　道路上的红绿灯对保障我们出行安全非常重要，行人和车辆都必须听从红绿灯的指挥。那么使用Scratch测控板功能，是不是也可以模拟道路上的红绿灯呢？

二、创设情境

　　我们可以通过Scratch驱动与测控板相连接的LED指示灯，再通过马达指令中的正反转功能来实现模拟"红绿灯"的效果。不同的测控板中LED灯的设置可能稍有不同，本节课我们以CK测控板为例来体验。

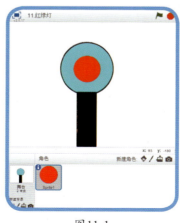

图11-1

三、亲身体验

1. 先将CK测控板与Scratch正确连接。

2. CK测控板上有LED1、LED2、LED3三个指示灯。

　　LED1既可以发红色的光，也可以发绿色的光；LED2发蓝色的光，亮度与马达能量有关；LED3是判断测控板与电脑是否正常连接的指示灯，如果指示灯慢速闪烁，说明板子还没有正确与Scratch连接，如果是快闪，就说明连接正常，可以做实验了。

指示灯	模块	指示灯状态
LED1	打开马达　马达方向 顺时针 ▼　顺时针　逆时针　反转	当打开马达的时候，如果马达方向选择"顺时针"，则LED1亮红灯；如果选择"逆时针"，则LED1亮绿灯。LED1指示灯的显示与马达能量的设定无关。
LED1	打开马达　马达方向 反转 ▼	如果LED1当前是红灯，则变为绿灯；如果是绿灯，则变为红灯。
LED2	打开马达　将马达能量设定为 50 %	LED2的亮度与马达能量相关，能量越低，亮度越低。当马达能量为0时，LED2关闭。
LED1、LED2	关闭马达	执行"关闭马达"命令后，LED1与LED2不再发光。

3. 制作虚拟的红绿灯。

首先在舞台背景上绘制红绿灯支架，然后再绘制一个"红绿灯"角色。我们的设想是先绘制一个红灯，根据需要改变其颜色特效即可变为绿灯，下面是相对应的脚本。

角色	指令或模块	指令描述
Sprite1	重复执行 ③ 次 将 亮度 特效设定为 -100 等待 0.5 秒 将 亮度 特效设定为 0	闪烁3次
	将 颜色 特效设定为 60 将 亮度 特效设定为 0	亮绿灯
	将 颜色 特效设定为 0 将 亮度 特效设定为 0	亮红灯
Sprite1	当 ▶ 被点击 重复执行 将 颜色 特效设定为 60 将 亮度 特效设定为 0 等待 5 秒 重复执行 ③ 次 将 亮度 特效设定为 -100 等待 0.5 秒 将 亮度 特效设定为 0 等待 0.5 秒 将 颜色 特效设定为 0 将 亮度 特效设定为 0 等待 5 秒 重复执行 ③ 次 将 亮度 特效设定为 -100 等待 0.5 秒 将 亮度 特效设定为 0 等待 0.5 秒	虚拟"红绿灯"完成后的指令脚本如左图所示。 实践与思考： 想一想，你还有别的办法可以实现这个效果吗？

4. 利用CK测控板上的LED1来制作真实的红绿灯效果。

角色	指令或模块	指令描述
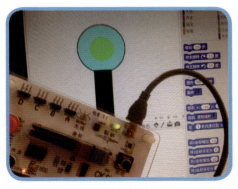（Sprite1）	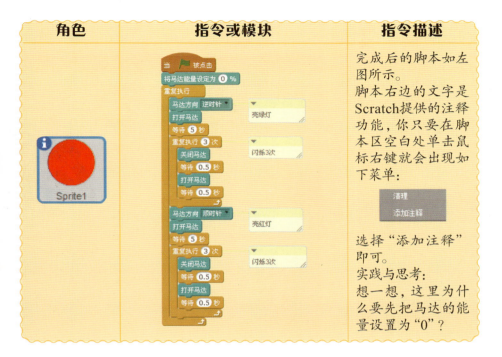	完成后的脚本如左图所示。 脚本右边的文字是Scratch提供的注释功能，你只要在脚本区空白处单击鼠标右键就会出现如下菜单： 清理 添加注释 选择"添加注释"即可。 实践与思考： 想一想，这里为什么要先把马达的能量设置为"0"？

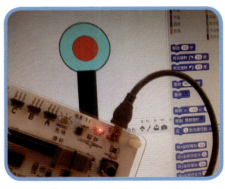

图11-2 测控板上的LED1指示灯与电脑同步模拟"红绿灯"效果

5. 巩固与提高。

　　4位同学组成一组，试用测控板LED灯来模拟十字路口的红绿灯效果。

6. 本节课自我评价与反馈。

本节课小组内是如何分工的？你负责的是哪一块？	
本节课你遇到了什么困难？你的解决办法是什么？	
本节课你帮助别人或接受别人的帮助了吗？	
本课作品你完成了吗？和你之前的预期是否一样？	
课后你收拾整理好本课实验器材了吗？	

第12课　疯狂卡丁车

一、开动脑筋

　　你是否想过开着卡丁车在道路上体验风驰电掣的速度与激情呢！卡丁车游戏是一款非常具有挑战性的小游戏，如果我们使用Scratch测控板上的滑杆来模拟卡丁车的方向盘，要怎么做才能实现这个游戏呢？

二、创设情境

　　游戏规则如下：通过滑动Scratch测控板上的滑杆来控制赛车的方向，以便躲避跑道上飞驰而来的汽车障碍，当你的赛车在赛道上坚持60秒仍没有碰到任何汽车障碍或边界时，游戏胜利。

图12-1

三、亲身体验

1. 先将测控板与Scratch进行正确连接。
2. 绘制公路赛道作为舞台背景。

　　在绘图编辑器中绘制如图12-2所示的舞台背景作为小车比赛时的公路赛道，两边的黑色线条可以作为赛道的边界。

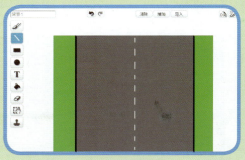

图12-2

3. 在道路两边的绿化带里"种植"相应树木。

　　从角色库中选择新角色"palmtree"，使用选择工具选中该角色的下半部分后按键盘上的Delete键删除，然后复制8个相同的角色，通过角色信息区重命名为tree1~tree8，分别放置到舞台背景相对应的区域。

图12-3

4. 添加小车角色。

从网络上搜索下载一些背景为单色的小车图片，选取一辆卡丁车作为游戏的主角。

图12-4

在造型编辑区为小车背景填充透明色，去掉小车的背景。

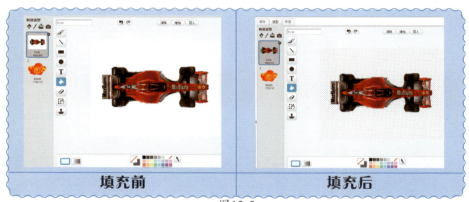

| 填充前 | 填充后 |

图12-5

每辆小车的第二个造型如右图所示：

其中为"赛车"角色的第二个造型选择一张爆炸效果的图片来模仿汽车撞到障碍时的状态。在角色信息编辑区将每辆小车（包括赛车和障碍车）旋转默认方向都设置为"0"。

图12-6

5. 添加发令倒计时数字造型。

　　绘制三个新角色，分别用文字输入工具添加数字1、2、3用来模拟赛车发车时的倒计时效果。

图12-7

6. 添加游戏胜利或失败时的画面。

　　绘制两个新角色，并分别输入文字"You are win"和"game over"，分别用来模拟游戏胜利或失败时的画面。

图12-8

7. 编写"赛车"的脚本。

在数据指令类中新建两个变量"time"和"x",分别用来存储比赛用时及操控赛车偏转角度。

新建变量"time"和"x"

角色	模块	指令描述
 赛车	当 ▶ 被点击 将 time 设定为 0 将 x 设定为 0 清除所有图形特效 显示 将角色的大小设定为 22 将造型切换为 car 将x坐标设定为 0 面向 0 方向	程序执行后,先初始化变量的值,改变角色大小,将赛车置于水平中心处,方向向上。 想一想:结合后面的脚本,思考程序中为什么要加上 清除所有图形特效 显示 这段指令串,其作用是什么?

角色	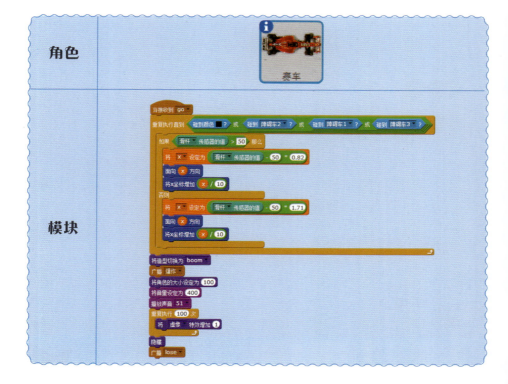
	赛车

| 模块 | 当接收到 go
重复执行直到 碰到 障碍车2 ? 或 碰到 障碍车1 ? 或 碰到 障碍车3 ? 或 碰到颜色 ?
　等待 1 秒
　将变量 time 的值增加 1
　如果 time > 60 那么
　　广播 win |

| 指令描述 | 当接收到广播"go"时，变量"time"开始计时，直到碰到障碍车或边界（黑线）时停止计时。当变量"time"大于60时，广播"win"。 |

角色	赛车

| 模块 | 当接收到 go
重复执行直到 碰到颜色 ? 或 碰到 障碍车2 ? 或 碰到 障碍车1 ? 或 碰到 障碍车3 ?
　如果 滑杆 传感器的值 > 50 那么
　　将 x 设定为 滑杆 传感器的值 - 50 * 0.82
　　面向 x 方向
　　将x坐标增加 x / 10
　否则
　　将 x 设定为 滑杆 传感器的值 - 50 * 1.71
　　面向 x 方向
　　将x坐标增加 x / 10
将造型切换为 boom
广播 爆炸
将角色的大小设定为 100
将音量设定为 400
播放声音 51
重复执行 100 次
　将 虚像 特效增加 1
隐藏
广播 lose |

续表

指令描述	1. 在没有碰到边界或障碍车时，"赛车"的方向由滑杆传感器的值来决定。当滑杆传感器的值大于50时，方向会偏右；当滑杆传感器的值小于50时，方向会偏左。用滑杆传感器的值模拟操控"赛车"的方向盘。 2. 如果碰到边界或障碍车，"赛车"切换为爆炸时的造型"boom"，角色恢复正常大小，并播放"爆炸"音效。这里通过不断改变虚像特效来增强画面效果。爆炸后隐藏赛车并广播"lose"。

8. 编写"障碍车"的脚本。

角色	模块	指令描述
障碍车1	当接收到 go 隐藏 等待 ①秒 显示 重复执行 　移动 -10 步 　如果 y坐标 < -179 那么 　　隐藏 　　等待 在 ① 到 ⑤ 间随机选一个数 秒 　　将造型切换为 在 ① 到 ② 间随机选一个数 　　移到 x: 在 -60 到 -160 间随机选一个数 y: 180 　　显示	1. 当接收到广播"go"时，障碍车隐藏1秒后显示，并重复执行"移动-10步"，即从舞台上方向下方垂直移动。 2. 当y坐标值小于-179时（小车即将移出舞台边缘），障碍车隐藏，随机等待1~5秒后再随机选择一个造型显示在舞台上方重复步骤1过程。

角色	模块	指令描述
障碍车2	当接收到 go 隐藏 等待 1 秒 显示 重复执行 　移动 -10 步 　如果 y坐标 < -179 那么 　　隐藏 　　等待 在 1 到 5 间随机选一个数 秒 　　将造型切换为 在 1 到 2 间随机选一个数 　　移到 x: 在 -50 到 50 间随机选一个数 y: 180 　　显示	1. 指令串和"障碍车1"类似,区别在于x坐标的取值范围是否有变化。 2. 对比三辆"障碍车"的相应指令代码,你能说出这样设置x坐标取值范围的理由吗? 实践与思考:如果三辆"障碍车"的 x 坐标取值范围都统一设置为"-160~160",程序是不是更简单些呢?行不行,等你来动手实验。
障碍车3	当接收到 go 隐藏 等待 1 秒 显示 重复执行 　移动 -10 步 　如果 y坐标 < -179 那么 　　隐藏 　　等待 在 1 到 5 间随机选一个数 秒 　　将造型切换为 在 1 到 2 间随机选一个数 　　移到 x: 在 60 到 160 间随机选一个数 y: 180 　　显示	实践与思考:下面这段指令你认为可以不加吗?理由是什么? 隐藏 等待 1 秒 显示

9. 为道路两旁的"树木"编写相应的脚本。

角色	模块	指令描述
tree1	当接收到 go 移到 x: -210 y: 105 重复执行 　将y坐标增加 -10 　如果 y坐标 < -179 那么 　　将y坐标设定为 180	当接收到广播"go"时，移动到初始位置，重复执行"将y坐标增加-10"，即让对象从舞台上方垂直向下方移动。当对象移至舞台边缘时（即y坐标<-179时），将y坐标设定为180（即舞台最上方）。
tree2	当接收到 go 移到 x: -210 y: 20 重复执行 　将y坐标增加 -10 　如果 y坐标 < -179 那么 　　将y坐标设定为 180	同前
tree3	当接收到 go 移到 x: -210 y: -76 重复执行 　将y坐标增加 -10 　如果 y坐标 < -179 那么 　　将y坐标设定为 180	同前

角色	模块	指令描述
tree4	当接收到 go 移到 x: -210 y: -161 重复执行 　将y坐标增加 -10 　如果 y坐标 < -179 那么 　将y坐标设定为 180	同前
tree5	当接收到 go 移到 x: 216 y: 105 重复执行 　将y坐标增加 -10 　如果 y坐标 < -179 那么 　将y坐标设定为 180	同前
tree6	当接收到 go 移到 x: 216 y: 20 重复执行 　将y坐标增加 -10 　如果 y坐标 < -179 那么 　将y坐标设定为 180	同前

角色	模块	指令描述
 tree7	当接收到 go 移到 x: 216 y: -76 重复执行 　将y坐标增加 -10 　如果 y坐标 < -179 那么 　　将y坐标设定为 180	同前
tree8	当接收到 go 移到 x: 216 y: -161 重复执行 　将y坐标增加 -10 　如果 y坐标 < -179 那么 　　将y坐标设定为 180	实践与思考:仔细观察tree1~tree8角色,其指令基本相似,初始位置的设置也是非常有规律,那么我们是不是可以利用Scratch2.0新增加的克隆功能来修改代码,使程序更简洁明了,快去试试吧!

10. 为"发令倒计时数字造型"编写相应的脚本。

角色	模块	指令描述
3 3	当 🚩 被点击 显示 将角色的大小设定为 100 移到 x: -8 y: 1 重复执行 10 次 　将角色的大小增加 10 　等待 0.1 秒 广播 2 隐藏	1. 程序执行后显示，将角色大小设置为正常大小。 2. 移动到指定坐标位置，并不断放大。 3. 广播"2"后隐藏。
2 2	当接收到 2 显示 将角色的大小设定为 100 移到 x: -2 y: -2 重复执行 10 次 　将角色的大小增加 10 　等待 0.1 秒 广播 1 隐藏	1. 接收到广播"2"后显示，将角色大小设置为正常大小。 2. 移动到指定坐标位置，并不断放大。 3. 广播"1"后隐藏。
1 1	当接收到 1 显示 将角色的大小设定为 100 移到 x: -10 y: 10 重复执行 10 次 　将角色的大小增加 10 　等待 0.1 秒 广播 go 隐藏	1. 接收到广播"1"后显示，将角色大小设置为正常大小。 2. 移动到指定坐标位置，并不断放大。 3. 广播"go"后隐藏。

11. 为游戏胜利或失败编写相应的脚本。

角色	模块	指令描述
You are win gamewin	当接收到 win ▼ 显示 停止 全部 ▼	1. 程序执行后, 隐藏。 2. 当接收到广播"win"后, 显示并停止所有脚本的执行。
game over gameover	当接收到 lose ▼ 显示 停止 全部 ▼　　当 🏁 被点击 隐藏	1. 程序执行后, 隐藏。 2. 当接收到广播"lose"后, 显示并停止所有脚本的执行。

12. 巩固与提高。

　　在游戏中试增加一个新角色Beetle, 如图12-9所示, 游戏中Beetle会随机出现在道路上, 如果赛车在行驶中不小心碰到了Beetle, 就要扣除一定的时间, 以此来增加游戏的挑战性和趣味性。

图12-9

13. 本节课自我评价与反馈。

本节课小组内是如何分工的? 你负责的是哪一块?	
本节课你遇到了什么困难? 你的解决办法是什么?	
本节课你帮助别人或接受别人的帮助了吗?	
本课作品你完成了吗? 和你之前的预期是否一样?	
课后你收拾整理好本课实验器材了吗?	

Unit 3

第13课 幸运大转盘

一、开动脑筋

同学们在平时的生活中一定看到过转盘抽奖的活动吧！那么，我们是不是也可以用Scratch来模拟这一活动过程呢？

二、创设情境

设计一个幸运大转盘游戏。规则如下：按下测控板上的按钮，就会启动转盘；用滑杆控制转盘速度，当你对着测控板大声喊"停"时，转盘会慢慢地停下来，并提醒中奖信息；然后开始下一次的转盘抽奖。

图13-1

三、亲身体验

在制作游戏"幸运大转盘"作品时，我们需要准备一些素材。本课用到的素材全部是用PowerPoint或WORD中的自选图形功能制作的，然后再另存为PNG图片格式后导入Scratch中。

1. 添加舞台背景。

角色	模块	指令描述
舞台 1背景 舞台	当 被点击 重复执行 如果 传感器 按下按钮 那么 将 颜色 特效增加 滑杆 传感器的值	这段脚本的作用是根据滑杆传感器的值来改变舞台背景。当然，你也可以多添加几张舞台背景，然后编写舞台背景随机切换的指令。

2. 导入转盘角色。

角色	模块	指令描述
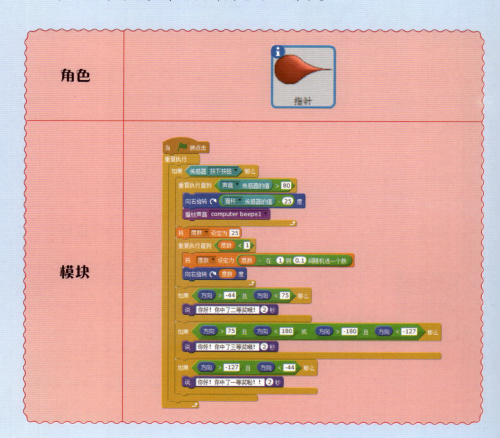 转盘		这里的"转盘"单独作为一个角色不需要转动,所以不需要添加指令。

3. 导入指针角色,并给指针角色添加脚本。

角色	指针
模块	

续表

指令描述	1. 为了方便书写指令，在这里将指针的方向通过造型编辑，旋转到同向。 2. 判断当"传感器按钮按下"时，指针就开始旋转，并发出声音（从系统声音库中选取computer beeps1声音），在高速转动时，指针速度由滑杆参数控制，直到对着测控板大声说"停"时（通过声音传感器侦测功能），指针转速会变慢至停止。 3. 当指针停下来后，判断指针所属获奖区块并给出中奖提示信息。

4. 巩固和提高。

（1）中奖时，画面上出现奖品对应的图片，而不仅仅是文字，则脚本要如何编写？

（2）让指针不动，转盘旋转，该如何修改脚本？

（3）如果要设置一个抽奖大转盘奖次结果的功能，该如何修改脚本呢？

5. 本节课自我评价与反馈。

本节课小组内是如何分工的？你负责的是哪一块？	
本节课你遇到了什么困难？你的解决办法是什么？	
本节课你帮助别人或接受别人的帮助了吗？	
本课作品你完成了吗？和你之前的预期是否一样？	
课后你收拾整理好本课实验器材了吗？	

第14课　火柴人大战蝙蝠怪

一、开动脑筋

　　不知从何时起，江湖上突然出现了一群蝙蝠怪兴风作浪，搅得大家不得安宁。练就一手掷飞镖绝技的火柴人闻讯后挺身而出，誓与蝙蝠怪战斗到底。同学们，利用你们已经掌握的Scratch技术可以帮助火柴人消灭蝙蝠怪吗？

二、创设情境

　　通过测控板上的滑杆来控制火柴人上下移动，同时躲避蝙蝠怪的攻击；按下测控板上的按钮，火柴人发射闪电攻击飞镖。

图14-1

三、亲身体验

1. 先将测控板与Scratch正确连接。
2. 从系统背景库中选择3种不同的游戏舞台背景，并设置相应指令。

舞台	模块	指令描述
		让舞台背景每隔一段时间就自动随机切换。

3. 导入蝙蝠怪角色，并添加相应的脚本。

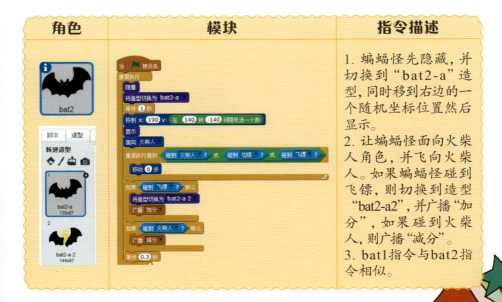

角色	模块	指令描述
		1. 蝙蝠怪先隐藏，并切换到"bat2-a"造型，同时移到右边的一个随机坐标位置然后显示。 2. 让蝙蝠怪面向火柴人角色，并飞向火柴人。如果蝙蝠怪碰到飞镖，则切换到造型"bat2-a2"，并广播"加分"，如果碰到火柴人，则广播"减分"。 3. bat1指令与bat2指令相似。

4. 导入"飞镖"角色，并添加相应的脚本。

角色	模块	指令描述
飞镖	当 ▶ 被点击 重复执行 　隐藏 　如果 〈传感器 按下按钮〉 那么 　　显示 　　播放声音 录音1 　　移到 x: -202 y: y坐标 of 火柴人 　　重复执行 15 次 　　　面向 bat2 　　　面向 bat1 　　　移动 20 步 　　等待 0.1 秒	1. 首先让"飞镖"隐藏，然后判断是否按下了测控板上的按钮，如果是，则显示，并播放声音"录音1"，同时移动到火柴人的坐标处。 2. 让"飞镖"快速飞向bat2和bat1，模拟飞镖射向蝙蝠怪的过程。

5. 用测控板上的滑杆控制火柴人上下移动。

　　（1）在绘图编辑器中绘制火柴人的两种造型：

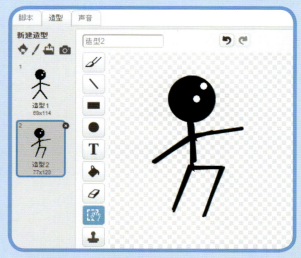

图14-2

（2）给"火柴人"角色设置指令脚本。

角色	模块	指令描述
火柴人	当 ▶ 被点击 将 分数 ▾ 设定为 0 将造型切换为 造型1 重复执行 　移到 x: -174 y: 滑杆 ▾ 传感器的值 * 2.8 - 140 当 ▶ 被点击 重复执行直到 分数 < 0 　如果 传感器 按下按钮 ▾ 那么 　　将造型切换为 造型2 　　等待 0.5 秒 　　将造型切换为 造型1 停止 全部 当接收到 加分 ▾ 将变量 分数 ▾ 的值增加 3 当接收到 减分 ▾ 将变量 分数 ▾ 的值增加 -5	1. 将"火柴人"造型切换到"造型1"，并将分数变量的值设定为0；用滑杆控制"火柴人"上下移动。 2. 如果分数大于0，判断测控板上的按钮是否按下。如果按下则切换到"造型2"，等待0.5秒后，再切换回"造型1"，如果分数小于0，则游戏结束。 3. 当接收到"加分"广播时，则分数变量加3分；如果收到"减分"广播，则分数变量减5分。

到这里，我们就完成了游戏作品《火柴人大战蝙蝠怪》的制作过程，让我们一起玩一玩吧！（提示：在试玩时可以把测控板竖起来操控，这样就不会觉得别扭了。）

教你一招：自己录制声音效果。

有时候在系统自带的声音素材库中找不到符合要求的音效，可以用系统录音功能来录制一些个性化的音效以满足游戏制作时音效的需求。

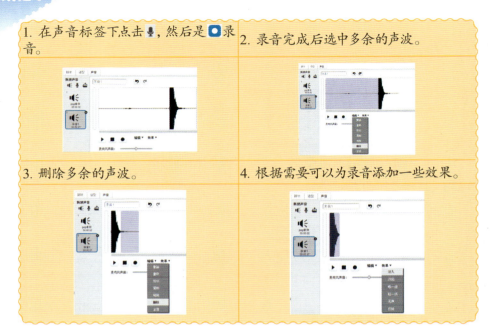

1. 在声音标签下点击🎤，然后是⏺录音。
2. 录音完成后选中多余的声波。
3. 删除多余的声波。
4. 根据需要可以为录音添加一些效果。

6. 巩固和提高。

　　蝙蝠怪是不会轻易束手就擒的，它也会同时攻击火柴人，如果火柴人被蝙蝠怪击中，则会减分。那么游戏要如何修改呢？

7. 本节课自我评价与反馈。

本节课小组内是如何分工的？你负责的是哪一块？	
本节课你遇到了什么困难？你的解决办法是什么？	
本节课你帮助别人或接受别人的帮助了吗？	
本课作品你完成了吗？和你之前的预期是否一样？	
课后你收拾整理好本课实验器材了吗？	

第15课　下一百层

《下一百层》是一款非常有意思的小游戏，考验的是我们的耐心和智慧。那么，利用Scratch要如何做才能实现这个游戏场景呢？

首先需要准备好背景图片、人物角色及平台，然后通过测控板的滑杆控制人物角色左右移动，即让人物角色向左或向右走动。当人物角色碰到平台时就站在平台上方，并随着平台持续上升，当人物角色碰到边缘时游戏就会自动结束。

图15-1

三、亲身体验

1. 将Scratch测控板与电脑正确接连。

2. 从系统自带的背景库中选择夜空（stars）背景。

3. 从系统自带的角色库中选择"Boy3 Walking"男孩角色，编写脚本实现走路的效果。

角色	模块

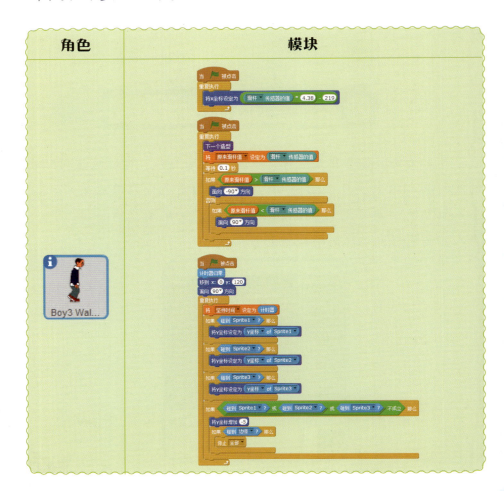

续表

指令描述	1. 将x坐标设定为滑杆的值。 2. 当程序执行时，重复执行下一个造型，实现男孩走路的效果，并通过滑杆值的前后对比，判断男孩面向什么方向。 思考：是否可以不在这里加"等待0.1秒"的指令？为什么？ 3. 重复执行判断男孩是否跳到相应的平台。如果有就将其y坐标值改为对应平台的y坐标值。如果都没有碰到任何平台，则将y坐标增加-5，即让其落下来。如果碰到舞台边缘，则游戏结束。 实践与思考：这里要把男孩角色每个造型中心都通过 ➕ 按钮设置在男孩的脚部正下方位置（如图所示），想一想，这样做的原因是什么？

4. 绘制三个平台。

　　每个平台都绘制两个造型，一个比较长，一个比较短，实现平台自动从下向上移动。平台出现的位置是随机的，每个平台之间相隔y坐标66。

平台造型1	平台造型2

角色	模块	指令描述
 Sprite1 平台1		1. 让"平台1"随机出现在x坐标为-150~150范围内。然后通过增加y坐标的方法使其慢慢上升，直到碰到边缘为止。 2. 每个平台有两个造型，每次出现时都会换一个造型。当平台上升到y坐标为-66时，通过广播让"平台2"出现。
 Sprite2 平台2		1. "平台2"在游戏开始时，是隐藏的。 2. 当接收到"平台2"出现的广播时，"平台2"才会显示，并开始慢慢上升。同样当"平台2"升到y坐标为-66时，发出广播让"平台3"出现。 3. "平台2"直到碰到边缘后才会隐藏。
 Sprite3 平台3		1. 同样，"平台3"在游戏开始时也是隐藏的。 2. 只有接到相应广播后才会出现，并缓慢上升。 3. "平台3"直到碰到边缘后才会隐藏。 实践与思考：下面这段脚本可以不加吗？

5. 巩固和提高。

　　创意A：为增加游戏的挑战性，可以让其中几个平台左右移动，如何实现？

　　创意B：结合前面学习过的跳跃动作，让男孩也可以从低平台跳到高平台，如何实现？

6. 本节课自我评价与反馈。

本节课小组内是如何分工的？你负责的是哪一块？	
本节课你遇到了什么困难？你的解决办法是什么？	
本节课你帮助别人或接受别人的帮助了吗？	
本课作品你完成了吗？和你之前的预期是否一样？	
课后你收拾整理好本课实验器材了吗？	

第16课　飞箭射气球

一、开动脑筋

　　很多同学都玩过打泡泡龙的小游戏，其实我们用Scratch也能模拟实现这种游戏效果呢！今天我们来制作一款《飞箭射气球》的经典游戏。

二、创设情境

　　使用Scratch测控板上的滑杆控制炮台的方向，按钮控制发射飞箭。当飞箭射中气球时，气球就会爆炸，飞箭可以一箭射中多个气球哦。当箭碰到边缘时就留在边缘上。游戏中共有6支箭，看谁射中的气球数最多。

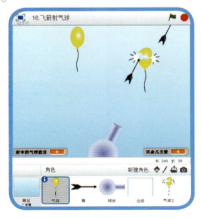

图16-1

三、亲身体验

1. 角色及舞台背景说明。

　　该游戏中用到的所有角色和舞台背景都是用PowerPoint软件绘制完成后利用 （从本地文件中上传角色或背景）功能导入到Scratch中的。因为在PowerPoint中用自选图形功能绘制角色比在Scratch用绘图编辑器绘制简单而且效果更好，所以推荐同学们尽可能使用这种方法绘制游戏中的角色。至于如何把PowerPoint中绘制的游戏角色导入到Scratch中，在本教材最后附录章节中有相关知识介绍。

2. 从本地文件中上传舞台背景图片，使背景随着外界光线的强弱，自动变换颜色。

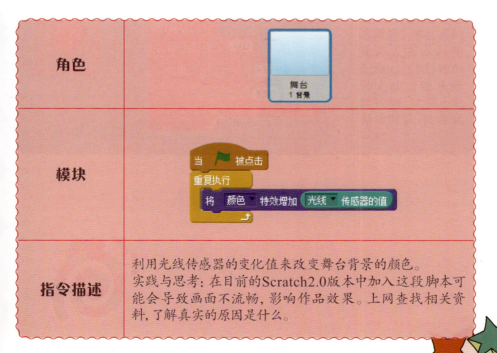

角色	舞台 1背景
模块	当 ▣ 被点击 重复执行 将 颜色 特效增加 光线 传感器的值
指令描述	利用光线传感器的变化值来改变舞台背景的颜色。 实践与思考：在目前的Scratch2.0版本中加入这段脚本可能会导致画面不流畅，影响作品效果。上网查找相关资料，了解真实的原因是什么。

3. 设置"炮台"角色脚本。

角色	炮台 （可在PowerPoint中绘制"炮台"角色，方向为0度）
模块	
指令描述	1. 将炮台对象移到坐标（0，-172）的位置。坐标根据绘制的炮台决定；滑杆控制炮台的转向，范围为-80～80。 2. 先清除所有画笔，原因是箭碰到边缘后，就通过图章的指令印在最后停留的位置上；当按下测控板上的按钮，就广播"发射"并等待。 3. 将变量"射中的气球数目"的值设定为0；"还余几支箭"设定为6，并显示。直到变量"还余几支箭"为0时隐藏，并显示射中气球的数目，整个游戏结束。

4. 导入角色"箭"，并设置脚本。

角色	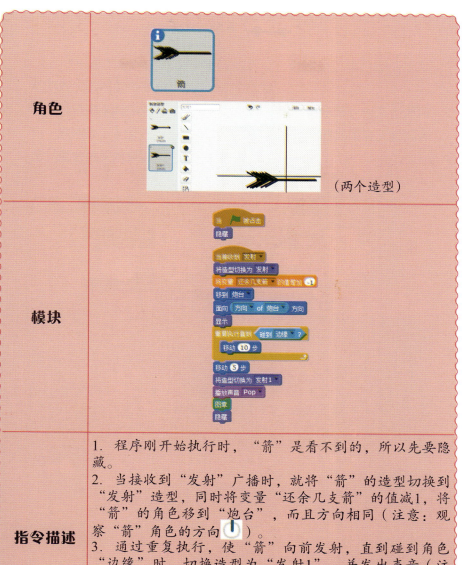 （两个造型）
模块	
指令描述	1. 程序刚开始执行时，"箭"是看不到的，所以先要隐藏。 2. 当接收到"发射"广播时，就将"箭"的造型切换到"发射"造型，同时将变量"还余几支箭"的值减1，将"箭"的角色移到"炮台"，而且方向相同（注意：观察"箭"角色的方向⊙）。 3. 通过重复执行，使"箭"向前发射，直到碰到角色"边缘"时，切换造型为"发射1"，并发出声音（注意：这里的"边缘"是指角色而非舞台边缘）。 4. 使用图章功能让"箭"最后的造型保留在屏幕上，最后隐藏"箭"角色（注意："箭"角色隐藏，并不影响图章效果）。

5. 导入"气球"角色，并设置脚本。

角色	 （两个造型）
模块	
指令描述	1. 将气球的变量"状态"的值设定为"气球"，并将"气球"角色移至最上层。 2. "气球"角色有两个造型。一个是完好的气球，一个是爆炸后的。刚开始要先切换到第一个完好的造型。 3. 判断变量"还余几支箭"是否大于0，如果是就让"气球"随机移到舞台左侧的某一范围内。 4. 在这里使用将颜色特效进行修改的指令，使每次出现不同颜色的气球。 5. 使用随机数，让"气球"每次出现的时间间隔不同。 6. 显示"气球"，并让"气球"在2秒内移动到固定位置。 7. 如果"气球"在上升过程中碰到"箭"，并且气球的变量"状态"的值为"气球"，那么就说明"气球"需要被打破，所以将变量"状态"的值改为"破掉"，并切换"气球"的造型为爆炸时的造型，然后隐藏。 8. 射中"气球"后，将变量"射中的气球数目"值增加1。

角色	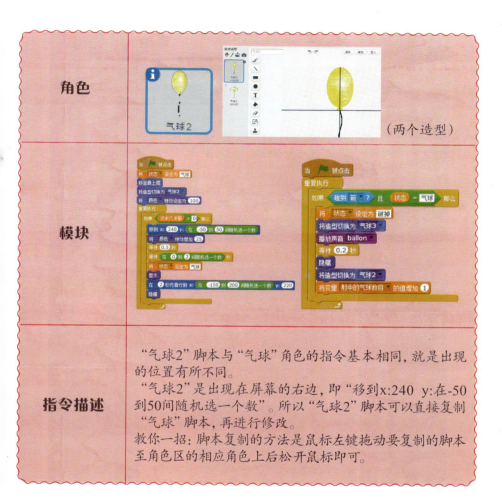 （两个造型）
模块	
指令描述	"气球2"脚本与"气球"角色的指令基本相同，就是出现的位置有所不同。 "气球2"是出现在屏幕的右边，即"移到x:240 y:在-50到50间随机选一个数"。所以"气球2"脚本可以直接复制"气球"脚本，再进行修改。 教你一招：脚本复制的方法是鼠标左键拖动要复制的脚本至角色区的相应角色上后松开鼠标即可。

6. 在绘画编辑器中绘制"边缘"角色。

角色	效果图	描述
边缘		如左图所示绘制"边缘",让"箭"可以判断是否射到"边缘"。 实践与思考:这里为什么不使用系统边缘进行判断,而要专门绘制一个"边缘"角色?这样做的理由是什么?

7. 巩固和提高。

　　将这个游戏作品改成气球从舞台上方下落,炮台发射飞箭击中空中下落的气球得分,最后再配上适当的背景音乐。

8. 本节课自我评价与反馈。

本节课小组内是如何分工的?你负责的是哪一块?	
本节课你遇到了什么困难?你的解决办法是什么?	
本节课你帮助别人或接受别人的帮助了吗?	
本课作品你完成了吗?和你之前的预期是否一样?	
课后你收拾整理好本课实验器材了吗?	

第17课　测控板小车"横空出世"

　　你想拥有一辆属于自己的智能小车吗？测控板加上轮胎、马达和几个简单的传感器，就可以摇身一变成为一辆酷酷的小车，还能实现循线、避障等很多功能呢！

　　如图17-1所示，这辆小车就是用测控板改装的，非常吸引眼球吧！下面我们就来学习如何亲自动手制造一辆测控板小车。

图17-1

一、准备好测控板小车所需配件

1. 无线测控板。

　　做测控板小车需要选用无线测控板。无线测控板的功能与有线测控板是一样的，区别在于无线测控板使用了无线收发器，少了连着电脑的USB线，从而可以让小车无拘无束地跑起来。无线测控板和无线收发器，如图17-2所示。

图17-2

2. 马达和轮胎。

要想让小车顺利地跑起来，给小车选择一套合适的"脚"就显得特别重要。这里建议选用减速马达，例如市场上的N20马达以及相配套的轮胎就比较适合。马达的转速有很多种，建议使用"6V 60转"的，虽然跑起来速度偏慢，但其稳定性却非常好！本课以制作4轮小车为例进行讲解，选用4套马达、轮胎和对应的固定件，如图17-3所示。当然根据实际情况和节约成本，你也可以选择3轮小车，只需要2套马达和一只万向轮。

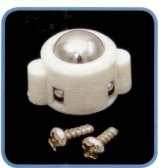

图17-3　万向轮

3. 底盘，一块透明的亚克力板，可以自制，图略。

4. 灰度传感器（2个）和避障传感器（1个）。

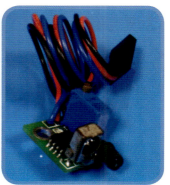

图17-4　灰度传感器　　　图17-5　避障传感器

5. 安装小车底盘。

　　将马达固定到底盘上，将马达两两并联，再各引出一根2芯的线，接到测控板的电机1接口和电机2接口，安装好灰度传感器，如图17-6所示。

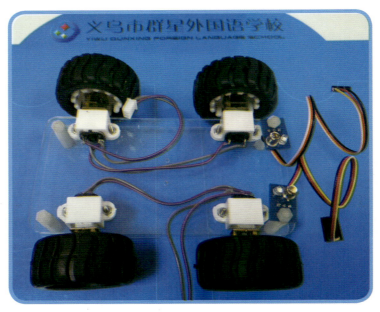

图17-6

6. 将小车底盘与无线测控板用螺丝固定，组装工作就大功告成了！

二、初步测试

　　测控板小车组装好后需马上测试。因为马达是两两并联的，要保证同一侧的两个马达在工作时保持相同的转动方向，如果在测试时发现转向不一致，需要调换马达上的两根线。

1. 将无线测控板与Scratch2.0软件进行连接。

　　将无线收发器（U盘形状）插到电脑任一USB接口，并打开无线测控板的电源开关。在软件中先选中"盛思Scratch魔盒2.0"，再点击"COM3"进行连接，如图17-7所示。

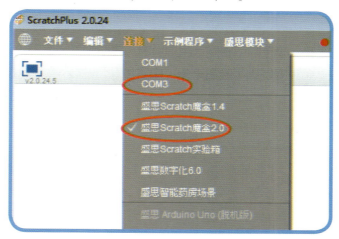

图17-7

　　如果连接成功，在舞台上就会出现传感器面板，连接指示灯变绿，如图17-8所示。

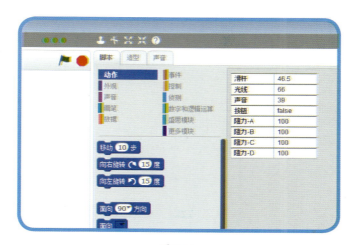

图17-8

2. 测试马达1。

在脚本区编写如图指令 将马达1能量设定为 150 马达1方向 顺时针 ，通过鼠标双击进行测试，观察接在测控板电机1接口上的两只马达是否保持同一个转动方向，如果方向不一致，需要将电机接口上的两根电源线交换。用同样的方法测试电机2。这里用能量代表转速，能量设置越大，速度则越快。用 关闭马达1 指令可以停止马达工作。

如果你希望在编程的时候更方便些，也可以对电机1和电机2的转动方向进行事先约定，比如顺时针约定为前进，逆时针约定为后退，测试时如果转动方向不正确，可以把接到电机接口上的两条芯线进行互相调换。

3. 本节课自我评价与反馈。

本节课小组内是如何分工的？你负责的是哪一块？	
本节课你遇到了什么困难？你的解决办法是什么？	
本节课你帮助别人或接受别人的帮助了吗？	
本课作品你完成了吗？和你之前的预期是否一样？	
课后你收拾整理好本课实验器材了吗？	

第18课　奔跑吧，小车

在第17课的学习中，我们组装好了小车，并且进行了初步的测试，马达1和马达2顺时针旋转时小车前进，反之则后退。这节课，我们通过编写程序让这辆4轮测控板小车来完成一个循线与避障的任务。

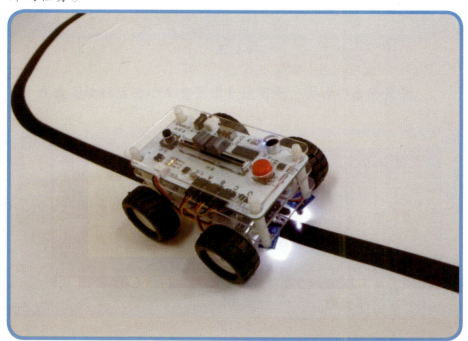

图18-1

1. 将测控板与马达及传感器连接好。

左侧马达接无线测控板上的电机1接口，右侧马达接无线测控板上的电机2接口；左侧灰度传感器接无线测控板上的端口A，右侧灰度传感器接端口C，避障接在端口B。

2. 让小车实现循线。

我们设想先让小车沿着黑线跑起来：如果仅左侧灰度传感器侦测到黑线，则左侧马达停止工作，右侧马达前进，即向左转弯；如果仅右侧灰度传感器侦测到黑线，则右侧马达停止工作，左侧马达前进，即向右转弯；如果左右灰度传感器都没有侦测到黑线，则前行。这里用的能量值（速度）是120，满速是255，当轨迹线有较急的弯道时，注意速度要慢，否则可能会冲出轨迹线。下图脚本中传感器的值须根据实测结果填写，此处仅供参考。

图18-2

3. 让小车到达终点时停止。

如果左侧灰度传感器和右侧灰度传感器同时侦测到黑线，则向前走1秒后停止马达，并结束脚本的运行。修改后的脚本，如图18-3所示。

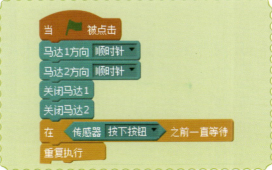

图18-3

4. 用按钮启动程序。

增加一个按钮启动功能，当按下测控板上的按钮时，小车才出发。

图18-4

5. 增加避障功能。

为了增加一些趣味性，当小车沿着轨迹线行走时，如果遇到障碍，则发出"喵"的声音，并停止运动，直到障碍消失后再继续沿线前进。

把避障传感器和无线测控板上的端口B相连接，将每一个行走命令更改为先判断是否有障碍，再行走。例如将右转的脚本

将马达2能量设定为 250
将马达1能量设定为 0

更改为如图18-5所示的脚本。

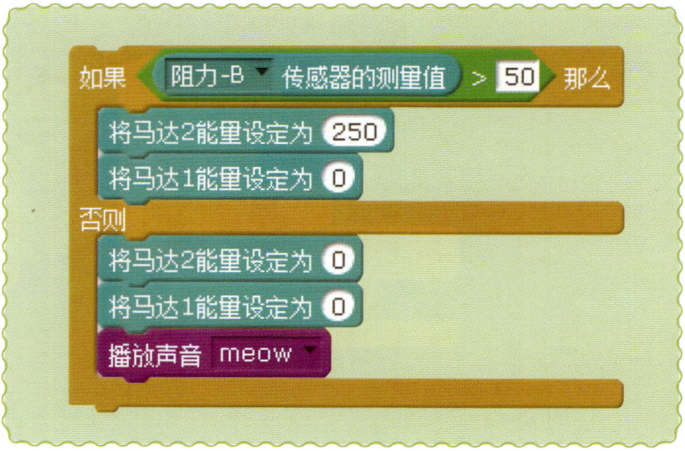

如果 阻力-B ▼ 传感器的测量值 > 50 那么
  将马达2能量设定为 250
  将马达1能量设定为 0
否则
  将马达2能量设定为 0
  将马达1能量设定为 0
  播放声音 meow ▼

图18-5

阻力B大于50时意味着周围没有障碍，继续行走，否则停下来发出声音。

用同样的方法，更改左转与前进的脚本，增加对障碍的判断。接下来的工作你可以自己完成哦，相信聪明的你一定能够让小车欢快地跑起来。

6. 本节课自我评价与反馈。

本节课小组内是如何分工的？你负责的是哪一块？	
本节课你遇到了什么困难？你的解决办法是什么？	
本节课你帮助别人或接受别人的帮助了吗？	
本课作品你完成了吗？和你之前的预期是否一样？	
课后你收拾整理好本课实验器材了吗？	

附 录

附录1:
国内各厂商Scratch传感器板（测控板）介绍

（1）盛思魔盒

特点：盛思产品包装精美，制作工艺上佳。配有多个声音、光线、按钮、温度、距离、倾斜等外接传感器，配合盛思魔盒上的4路阻性输入接口使用，魔盒自带的2路输出接口可连接随产品配送的专用马达、LED指示灯等，独有的五向键传感器可以实现游戏中角色的灵活控制。

Scratch测控板

通过标准Mini USB接口与计算机连接，自带五向键、滑杆、光线强度传感器、声音传感器、4路阻性输入接口及2路输出接口。

（2）哈尔滨奥松

（3）亚克力封装Scratch板（注：图片来源于网络）

（4）Ruilongmaker Scratch 传感器板（注：图片来源于网络）

（5）迪可Scratch传感器板（注：图片来源于网络）

（6）CK测控板

CK测控板分有线和无线两款，板子内置电机输出和LED指示灯输出模块，五向键控制功能让Scratch软件具有更大的灵活性和操控性，支持Scratch2.0软件输入和输出功能。无线测控板自带充电模块，不需要外接供电。独有的2.4G无线发射模块，可保证在超过5米的距离外无线控制Scratch实现交互。

电机输出1

LED指示灯

五向按键

光线传感器

声音传感器

按钮传感器

滑杆传感器

电机输出2

（7）常州板

由常州创客中心出品的MBoard-N Scratch标准版套件，体积小巧精致，支持Scratch2.0，兼容Scratch1.4部分功能，包含部分传感器套件。

附录2：教学案例
第10课　转动大风车

教材分析

　　本节课学习制作虚拟和真实两种大风车，让学生了解测控板的"控制"功能，利用Scratch中的电机驱动命令配合声音传感器实现虚拟与真实大风车同时旋转的效果。

学情分析

　　通过前面几节课的学习，学生已经接触到了"声音""滑杆""光线"等传感器，但这些传感器仅仅实现了测控板的"测"的功能，即测控板利用传感器将采集到的各种信息传输给Scratch。而本节课开始学习"控制"功能，即利用Scratch来控制外部设备，如电机的运转、LED灯的亮与灭等。

预设教学目标

　　1. 学会电机的控制：运行、停止、正转、反转、功率调节等。
　　2. 学会利用Scratch输出功能创作个性化作品。

教学重点

　　真实大风车与虚拟大风车的同步运转。

教具准备

测控板、马达、硬纸板（印好大风车背景线描图）、剪刀、水彩笔一套、已经剪好的大风车叶片。

课时安排

1课时

预设教学过程

一、激趣导入

老师：在美丽的乡村，有一个安装在屋顶的大风车，会随风轻轻地转动。

老师：利用Scratch功能，我们是不是也可以制作这样一个会随风转动的大风车呢？

二、制作真实的大风车

1. 给风车背景涂色。

学生可参考老师提供的图片效果，也可以根据自己的想象，给风车涂上自己喜欢的颜色。（学生操作）

2. 安装马达与大风车叶片。

老师示范操作：在叶片中间挖一个小洞，在城堡的顶端挖一个小洞。将马达的输出轴从背面穿过，并用胶带将马达固定在纸板上。将大风车叶片固定到马达的输出轴上。（这部分可参考教材

中的图片）

3. 让大风车转起来。

　　老师：将测控板与电脑正确连接，当ScratchBoard面板上的数字开始跳动时，表示连接成功，然后再将马达与测控板相连接。

　　学生：尝试操作。

　　老师：巡回指导。

　　老师：演示操作。

马达控制命令测试：

指令	指令描述
打开马达 1 秒	马达转动1秒后停止。
打开马达	启动马达，不会停止。
关闭马达	停止马达。
将马达能量设定为 100 %	设置马达能量（一般能量越大，转速越快）。
马达方向 顺时针 ▾ 顺时针 逆时针 反转	设置电机转动方向，可选择顺时针或逆时针。反转是指与现有的转动方向相反。

学生：逐一操作，了解马达的控制方法。

老师：试试看，马达的能量最低设置为多少时电机可以旋转起来？

学生：反馈。

4. 编写脚本，如果声音值大于某一数值，则开始旋转，如图1所示。

图1

三、制作虚拟大风车

1. 导入背景图片。

2. 导入风扇角色，并设置为透明，如图2所示。

图2

学生尝试操作，老师巡回指导。

学生反馈。

老师：请同学们尝试"探究屋"里的相关内容，并及时反馈。

探究屋：

试一试，如何让虚拟的大风车转起来。

```
当 🏳 被点击
重复执行
    将 声音▼ 设定为 声音▼ 传感器的值
    如果 声音 > 20 那么
        重复执行 24 次
            向右旋转 ↻ 15 度
            等待 0.01 秒
```

老师小结：在Scratch2.0中，虚拟的大风车可以实现顺时针转或逆时针转；真实的大风车也可以实现顺时针转或逆时针转。

	虚拟大风车	真实大风车
顺时针	向右旋转 ↻ 15 度	马达方向 顺时针 ▾
逆时针	向左旋转 ↺ 15 度	马达方向 逆时针 ▾

老师：如何将真实的与虚拟的大风车设置为同步旋转?

学生尝试操作，老师巡回指导，相邻课桌的同学可以讨论。

学生：演示操作。

学生反馈。

当 🚩 被点击
将马达能量设定为 80 %
关闭马达
重复执行
　将 声音 ▾ 设定为 声音 ▾ 传感器的值
　如果 声音 > 20 那么
　　打开马达
　　重复执行 24 次
　　向右旋转 ↻ 15 度
　　等待 0.01 秒
　否则
　　关闭马达

老师总结：脚本如上图所示。

四、知识升华

老师：当单击 ⬤ 时，虚拟大风车停止了，这时马达能停止吗？如果不能，如何操作？

学生讨论，实践后反馈。

老师点评，小结：可以增加一个停止命令，如下图所示。

五、总结

老师：本节课通过制作真实的大风车来学习测控板的"控制"功能，本节课也是虚拟与现实相结合的一个非常典型的课例。本课例也体现了Scratch强大的功能，不仅有输入功能（读取传感器的值），还具有输出功能（控制马达或LED）。

学生感受小结。

附录3：Scratch学习资源

（1）QQ群1：Scratch交流学习群（群号：221880606），本书所有素材资料及相关软件都可以在本群中下载。

（2）QQ群2：猫友汇（群号：78497583），全国最大的Scratch交流学习群。

（3）CK测控板淘宝店铺：智能机器人配件店

责任编辑：王旭霞

装帧设计：巢倩慧　徐金东

责任校对：朱晓波

责任印制：汪立峰

特约审读：邰云江

图书在版编目（ＣＩＰ）数据

边玩边学Scratch. 4，Scratch测控板（小车）与儿童
趣味游戏设计 / 刘金鹏，洪亮，姜峰编著. -- 杭州 :浙江
摄影出版社，2016.5（2020.9重印）
　ISBN 978-7-5514-1415-9

　Ⅰ．①边… Ⅱ．①刘… ②洪… ③姜… Ⅲ．①软件工
具－程序设计－基本知识 Ⅳ．①TP311.56

　中国版本图书馆CIP数据核字(2016)第071938号

边玩边学 Scratch 4：Scratch测控板（小车）与儿童趣味游戏设计

刘金鹏 洪亮 姜峰　编著

全国百佳图书出版单位

浙江摄影出版社出版发行

　　地址：杭州市体育场路347号

　　邮编：310006

　　电话：0571-85151082

　　网址：www.photo.zjcb.com

经销：浙江省新华书店集团有限公司

制版：浙江新华图文制作有限公司

印刷：三河市兴国印务有限公司

开本：880mm×1230mm　1/32

印张：3.75

2016年5月第1版　　2020年9月第2次印刷

ISBN 978-7-5514-1415-9

定价：20.00元